中国城市油气三维地震勘探技术

张以明　邓志文 等　著

科 学 出 版 社

北 京

内 容 简 介

城市油气三维地震是对城市区域潜在的有利油气勘探目标进一步落实的需求。但是由于勘探技术、装备及城市地震地质条件的限制，城市三维地震勘探面临诸多难题。本书从中国城市三维地震勘探的特点入手，介绍了城市三维地震勘探技术设计，论述了城市三维地震勘探的难点、激发、接收及观测系统参数设计方法，详细阐述了城市三维地震勘探实施配套技术；分析了城市三维地震原始资料的特点，实施了相关处理技术思路，重点对城区三维地震资料去噪技术、数据一致性处理技术、城市及周边三维资料的连片处理技术等进行了分析论述。针对城市三维地震成果资料能否满足地质目标研究的需求，提出了城区三维地震资料评价要素，对城市地震资料的构造解释、孔隙型储层地震预测、裂缝型储层地震预测等技术进行了详细分析研究，并介绍了华北油田城市三维地震勘探典型的实例。

本书旨在对近几年中国城市油气三维地震勘探技术进行概括和总结，希望能为其他类似地区的油气藏勘探提供可借鉴的理论和技术支持。本书可为石油勘探、石油地质专业技术人员和高等院校相关专业师生参考。

图书在版编目 (CIP) 数据

中国城市油气三维地震勘探技术／张以明等著. —北京：科学出版社，2019.3

ISBN 978-7-03-060861-1

Ⅰ.①中… Ⅱ.①张… Ⅲ.①油气勘探–三维地震法–研究–中国
Ⅳ.①P618.130.8

中国版本图书馆 CIP 数据核字（2019）第 049064 号

责任编辑：刘浩旻 陈姣姣／责任校对：张小霞
责任印制：肖 兴／封面设计：铭轩堂

科 学 出 版 社 出版
北京东黄城根北街 16 号
邮政编码：100717
http://www.sciencep.com

北京汇瑞嘉合文化发展有限公司 印刷
科学出版社发行 各地新华书店经销

＊

2019 年 3 月第 一 版 开本：787×1092 1/16
2019 年 3 月第一次印刷 印张：13 3/4
字数：308 000
定价：198.00 元
（如有印装质量问题，我社负责调换）

《中国城市油气三维地震勘探技术》
编写组

主　编：张以明　邓志文

成　员：白旭明　唐传章　张万福　晏　丰　张宏伟
　　　　王瑞贞　袁胜辉　陈院生　李海东　周　赏
　　　　康南昌　张锐锋　史原鹏　刘　旺　降栓奇
　　　　赵伟森　常建华　史英龙　王少春　王金宽
　　　　张学银　崔宏良　纪晓亮　王　伟　汪关妹
　　　　王子英　张敬东　叶　玮　李小冬　方海飞
　　　　王永君　王　帅　付国强　王冬雯　李景叶
　　　　宋　炜　葛黛薇　孙　毅　王晓东　陈敬国
　　　　王泽丹　黄新亚　熊　峰　刘祎沛　张　品
　　　　万学娟　钟小军　杨建涛　李小艳　程展展
　　　　韩　力　蒲可瑜　魏胜强　刘占军　郭　睿

序

中国含油气盆地内城市分布密集，如渤海湾盆地的京津冀地区，这些城市地区蕴藏着丰富的石油和天然气资源。随着油气勘探开发的深入，填补城市区三维地震资料空白成了石油地质综合研究的迫切需要。然而，城市油气三维地震勘探面临诸多技术与生产挑战：一是城市地表障碍物、地下设施繁多，地震资料采集设计与施工难度大；二是城市三维地震勘探需要的地震勘探仪器装备数量大，安全环保、生产组织难度大；三是城市交通、工业生产、人员活动等产生大量干扰，严重影响了地震资料信噪比。因此，城市三维地震勘探难以实施，影响了区域地质构造的整体认识。

《中国城市油气三维地震勘探技术》一书系统总结了城市油气三维地震勘探资料采集、处理和解释配套技术系列。这些配套关键技术包括观测系统设计与实施技术、城市建筑物安全距离测试技术和地震资料采集质量监控等技术、炸药震源和可控震源混合激发、有线仪器和节点仪器混合接收等采集技术系列；地震资料去噪声处理技术、混源激发子波一致性处理技术、数据一致性处理技术、一体化速度建模及连片三维资料偏移成像等地震资料处理技术；城市三维地震资料品质评价技术、复杂断裂带断层识别技术、深度域地震资料解释技术及地震资料储层预测及油气检测技术等综合解释分析技术。这一系列新技术不仅技术水平国际领先，而且应用完成了 13 个城市三维地震勘探项目，在油田增储上产中取得了显著的应用效果。

本书编写人员经过十多年城市三维地震勘探技术的探索与攻关，集成创新形成了中国城市油气三维地震勘探配套技术，凝结了多位具有较高学术造诣和丰富经验的地球物理工作者的心血。书中所形成的系列配套技术不仅对国内外城市油气三维地震勘探具有重要的指导意义，同时对复杂地表障碍区矿产地震勘探和城市工程地震勘探也具有重要的借鉴和指导意义，可为石油物探、石油地质及工程地震勘探专业技术人员和高等院校相关专业师生参考。

2019 年 1 月 26 日

前　言

　　20 世纪 80 年代，中国开始探索三维地震勘探工作。90 年代初，中国东部油田开始规模实施三维地震勘探工作；21 世纪初，早期发现的油田区基本上为三维地震勘探所覆盖。利用三维地震在中国松辽盆地、渤海湾盆地等含油盆地相继发现一大批油气田，推动了中国石油工业的长足发展。中国东部油田多数位于经济发达地区，地面城镇较多，由于受到当时采集装备和技术水平的制约，绝大多数城市区基本上都没有实施三维地震勘探，个别城市虽然实施了三维地震勘探工作，但是地震资料品质无法满足油气勘探需求，影响到含油盆地或富油凹陷的整体研究、整体认识、整体评价，甚至影响到有利目标的精细落实，直接制约了油田的整体勘探开发效果。

　　20 世纪末，随着"满洼含油"的陆相富集区沉积理论的提出，油气勘探由早期针对有利构造带，延伸到全盆地立体勘探阶段；勘探对象涉及含油盆地内的油田开发区、城镇等复杂地面条件区。改革开放以来，中国城镇化进程明显加快，特别是华北探区所处的京津冀城市群发展尤为迅速，城市范围迅速扩大、城市人口和车辆成倍增加、企业工厂数量剧增，致使城区内地面建筑物密集、地下管网纵横交错、各种干扰源众多，导致常规三维地震勘探技术难以实施。

　　本书紧密结合十余年来的城市三维地震勘探技术发展和勘探实践，分析了城市三维地震勘探面临的主要技术问题和实施难点，系统梳理城市三维地震勘探技术历程；详细论述了城市三维地震勘探观测系统设计技术和城市三维地震采集实施技术，使得城市三维地震勘探实施成为可能；提出了基于人工智能和压缩感知的城市三维观测系统设计新技术，指明了城市三维技术发展方向；全面梳理城市三维地震资料处理技术思路和关键技术，有效改善城市三维地震资料品质，通过三维连片处理，搭建全盆地高品质地震数据平台。利用高品质的连片三维地震数据平台，开展精细解释和综合研究，实现对全盆地或凹陷的整体认识、整体勘探，推动新一轮老油田的勘探开发高潮。

　　本书是集体智慧的结晶，全书共分为六章：第 1 章介绍了城市三维地震勘探重要意义、面临的问题与挑战和城市三维地震勘探技术发展历程；第 2 章论述了城市三维地震采集工程设计难点，详细阐述了观测系统参数、激发参数和接收参数的设计技术；第 3 章针对城市三维地震现场实施的问题，重点论述了不同地面建筑物安全施工距离测试、城市区的近地表障碍物和表层结构精细调查技术、城市三维观测系统科学实施与高效采集技术，以及城市三维野外采集质控技术等；第 4 章分析了城市三维地震资料特点和处理难点，提出城市三维地震资料处理技术思路，重点论述了城市三维地震资料处理的噪声压制、混源激发子波一致性处理和五维规则化处理等关键技术。同时论述了三维资料连片的子波一致性处理、一体化速度建模和深度偏移成像技术；第 5 章针对城市三维地震成果资料能否满足地质目标研究的需求，提出了城区三维地震资料评价要素，对城市地震资料的构造解释、孔隙型储层地震预测、裂缝型储层地震预测等技术进行了详细分析研究；第 6 章以河北省辛集市、廊坊市和饶阳凹陷多城市为例，介绍了华北油田城市三维地震勘探典型的实例。

荀量先生对城市三维地震勘探工作非常关注和重视，并且积极推动城市三维地震勘探装备的研发，促进中国城市三维地震技术发展。衷心感谢荀量总经理在百忙之中抽出时间为本书的编写给以指导并为本书作序。

全书由张以明、邓志文提出编写思路并组织编写。具体分工为：绪论由张以明、唐传章编写；第1章由邓志文、白旭明、李海东和孙毅等编写；第2章由白旭明、袁胜辉、王瑞贞和崔宏良等编写；第3章由唐传章、袁胜辉、王金宽和张学银等编写；第4章由邓志文、陈院生、晏丰、纪晓亮和史英龙等编写；第5章由张以明、周赏、张万福、汪关妹和王子英等编写；第6章由张锐锋、张宏伟、周赏、李小冬和张敬东等编写。文章审稿由张以明、邓志文、白旭明、唐传章、晏丰、张万福等完成；文章定稿由张以明、邓志文完成。李景叶、宋炜和翟同立对本书的编写内容提出了有益的建议并提供了材料。本书的编写得到了黄登贵、刘占族、范国增、葛向阳等领导和专家的大力支持及帮助。笔者对上述领导和专家的指导与帮助表示衷心的感谢！

目　　录

第1章 城市油气三维地震勘探概况

1.1 城市油气三维地震勘探意义

城市的产生和发展是一个历史的过程，就城市的形成和发展而言，主要受自然因素和社会经济因素的影响，自然因素主要包括气候、地形、水源等，社会经济因素主要包括自然资源、交通、政治、军事、宗教、科技和旅游等。

自然因素是城市形成、发展的基础和背景，我国为中纬度国家，城市大多分布在降水较为丰富、河流分布多的湿润半湿润地区；从地形上看城市集中分布在平原、丘陵地区，高原山区分布较少；从水源角度看，平原城市一般濒临江河湖海，丘陵山地城市大多趋于河谷，普遍临水，水源丰富，水路交通便利。分布在平原的大多数城市既临近水源，又处于相对较高的地区，不易受洪水侵害。而这些较高地区的形成受到构造活动、河流的侵蚀和堆积作用等方面的影响，虽然平原地区构造差异活动较弱，但仍然影响着现今的地形地貌。

平原区第四纪以来的构造活动往往与古构造活动有一定的相关性，受第四纪以来构造活动影响而形成的现今局部地貌高与古构造中的正向构造也有一定的相关性，这就使得建设在含油气盆地之上的大多数城市本身处于有利勘探部位，亟待实施地震勘探。以冀中地区为例，该区处于华北平原西侧，构造位置上属于渤海湾盆地冀中拗陷。冀中拗陷在古近纪处于伸展断陷期，发育 12 个沉积凹陷，形成隆凹相间的构造格局。冀中拗陷可以划分为东、西两个凹陷带，西部凹陷带包括北京凹陷、徐水凹陷、保定凹陷和石家庄凹陷，东部凹陷带包括大厂凹陷、廊固凹陷、武清凹陷、霸县（今霸州市）凹陷、饶阳凹陷、深陷凹陷、束鹿凹陷和晋县凹陷。新近纪以来，冀中拗陷进入拗陷期，太行山前的古近系西部凹陷带隆升，拗陷期沉积中心与古近系东部凹陷带沉降中心趋于吻合。华北平原第四纪稳定地继承着古近纪和新近纪以来的构造特点，因此，现今的构造较高部位与古近纪或新近纪发育的古构造有关，一般处于古近纪的凸起或低凸起区、构造斜坡区、洼中潜山或正向构造带，以及新近系太行山前隆升带。分布于冀中拗陷之上的城市较多，包括首都北京、直辖市天津、河北省省会石家庄及河北省市、县两级城市共 56 个，从统计数字来看，位于古近系凸起区或低凸起区的城市有 26 个，占本区城市总数量的 46.4%；位于古近系斜坡区的城市有 13 个，占本区城市总数量的 23.2%；位于古近系洼中潜山或正向构造带的城市有 6 个，占本区城市总数量的 10.7%；位于新近系太行山前冲积扇发育带上的城市有 9 个，占本区城市总数量的 16%（表 1.1、图 1.1）。处于古近系西部凹陷带富油凹陷斜坡区、凹陷内潜山或正向构造带及周边凸起或低凸起区的城市均处于有利勘探区，需要开展大规模的城市三维地震勘探，为富油凹陷的整体认识、整体评价、立体勘探奠定基础，助力深化城市所在有利区的综合评价，推动油气勘探的整体进程。

表 1.1　冀中地区城市所处古构造类型统计表

构造类型	现有城市
凸起及低凸起	通州、大兴、香河、宝坻、静海、天津、容城、雄县①、大城、青县、沧州、安国、深泽、河间、献县、武强、武邑、阜城、藁城、无极、衡水、宁晋、新河、冀州、枣强、高邑
斜坡区	大厂、武清、永清、文安、高阳、蠡县、博野、安平、饶阳、深州、辛集、晋州、赵县
洼中潜山或正向构造带	廊坊、固安、任丘、保定、清苑、肃宁
太行山前冲积扇发育带	北京、涿州、定兴、徐水、望都、定州、正定、石家庄

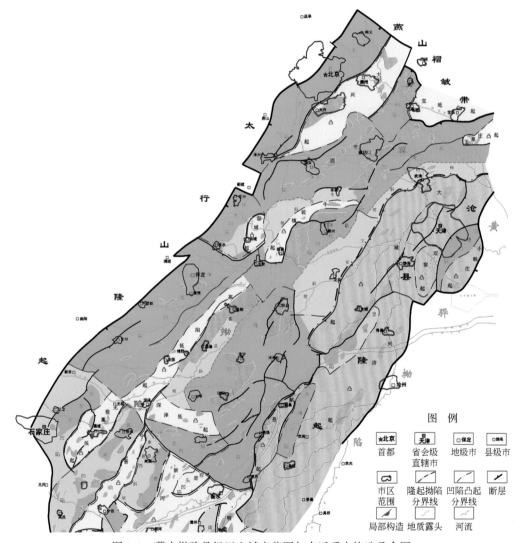

图 1.1　冀中拗陷县级以上城市范围与古近系古构造叠合图

① 雄县现归属于雄安新区。

　　基于以上观点，开展城市油气三维地震最重要的意义就是进一步落实城市区域潜在的有利油气勘探目标。具体如华北探区的廊坊市地表高程相对较高，构造上处于廊固凹陷的构造高点。廊固凹陷是冀中拗陷剩余石油资源最丰富的区带之一，具有较大的勘探潜力，已发现采育、旧州、廊东等油田，三次资评结果证实韩村、桐南洼槽剩余资源量 1.45×10^8 t。在廊坊市城区范围内的杨税务潜山带就是廊固凹陷的一个构造高点，利用现有二维地震资料已经初步落实了安探 1 背斜、京 24 北断块、安探 3 断鼻等多个有利勘探目标，为了进一步落实杨税务潜山带及提出的有利目标，迫切需要开展针对廊坊市城区的三维地震采集工作（图 1.2）。

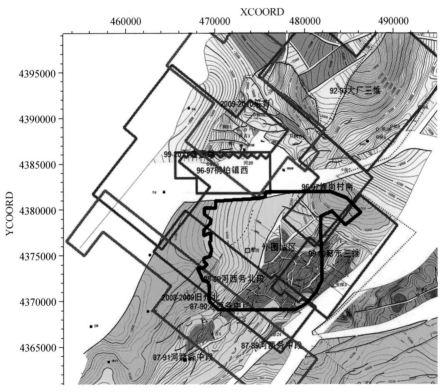

图 1.2　廊固凹陷廊坊市区周边勘探程度图

　　国内较早发现的油田其地理位置大部分与现在的城市范围相重合，如任丘潜山油田处在任丘市区范围内，潜山突破最早的任 4 井就在城区内（图 1.3），克拉玛依油田一号井在克拉玛依市区范围内（图 1.4），对这些老油区进行地震勘探必然涉及城市三维地震勘探。

　　城市油气三维地震是填补城市区域三维地震资料空白的需求。中国东部油田的勘探程度相对较高，大部分地区已被三维地震覆盖，但是受早期地震勘探装备和技术条件的限制，大型城市由于地表条件复杂，一般二维地震勘探都难以实施，三维地震勘探更是望而却步，所以这类地区基本属于三维甚至二维地震资料空白区，影响了一些有利构造区带的整体认识和富油凹陷的资源评价[1]。如华北油田矿区和任丘市区在 2005 年以前仅有少部

图 1.3   华北古潜山油田任四井

图 1.4   克拉玛依一号井

分三维地震资料，并且资料信噪比较低（图 1.5），任丘潜山界面反射和构造形态都不清楚，在一定程度上影响了任丘潜山带进一步勘探开发的进程。

城市油气三维地震是对城市区域所在凹陷整体认识评价的需求。霸县凹陷是冀中三大富油凹陷之一，面积达 2500km²，2006～2011 年钻井揭示霸县凹陷深层沙四段烃源岩发育，扩大了资源规模，证实了霸县凹陷资源潜力巨大，石油聚集成藏量为 5.24×10⁸t，较三次资源评价的 2.64×10⁸t 增加了近一倍，天然气成藏量为 927.11×10⁸m³，较三次资源评价的 537×10⁸m³ 增加了 73%，霸县凹陷剩余油资源量为 3.69×10⁸t，剩余气资源量为 786×10⁸m³，因此资源潜力巨大。霸县凹陷完成 15 块三维地震采集，但是霸州市城区面积为 40km²，在 2012 年实施城区勘探以前没有三维地震资料，导致霸县凹陷北部，特别是霸县洼槽最深部位构造不落实，从等时切片上看洼槽部位构造不完整（图 1.6），在一定程度上影响了霸县凹陷的整体认识。

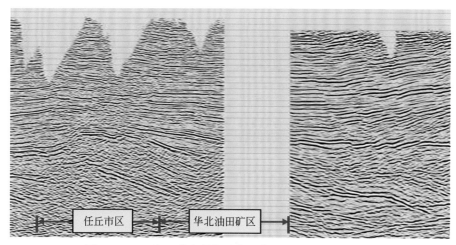

图 1.5　2005 年以前穿越任丘市区典型三维拼接地震剖面

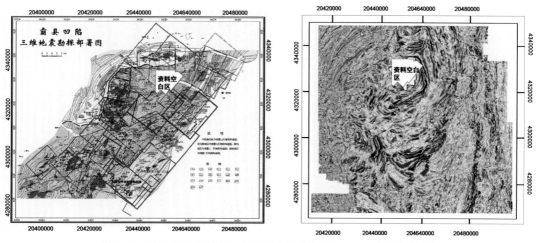

图 1.6　霸县凹陷霸州市区周边勘探程度图及 2500ms 等时切片图

城市油气三维地震是油田扩展勘探区域寻求勘探突破的需求。东部油田为了增产、稳产，确保可持续性发展，迫切需要新的储量发现，寻找新的有利构造带，城市、矿区这些复杂地面地震勘探条件区域已成为油田下一步勘探发现油气的重点目标。以华北油田冀中探区为例，大面积分布的城市资料空白区影响区域整体认识，导致勘探难度越来越大，勘探效益逐步下滑，影响了油田进一步"扩边挖潜"和对富油凹陷的整体评价，进而影响到油田持续、健康、稳定的发展。针对这种严峻的勘探形势，华北油田公司积极转变勘探思路，按照"满洼含油"的陆相富集区沉积理论，加大油田富集区的勘探力度，把勘探区域逐步转向复杂油田矿区、大型城市等复杂地震地质条件区，力争通过"油田周边找油田、油田深层找油田"实现勘探的重大突破。

城市油气三维地震是油田把握机遇战略布局的需求。中国的城市建设已经取得了让世人瞩目的巨大成就，同时正面临着更快更大规模的发展，具体表现为城市规模越来越大，城市发展越来越快，地表建筑物和地下设施越来越多，人文活动日益频繁、多样，安全环保要求与日俱增，大部分城市周边设立开发区，工程建设和经济发展日新月异，现在进行城市勘探已经面临一定困难，但是相比将来城市的进一步发展，目前还是相对容易实施，如城区的面积变化（表1.2），固安城区在2004年三维采集时面积为22.0km²，到2018年面积已经达到66.2km²，扩大到原来的三倍左右，所以重点目标区的城市油气三维地震勘探具有前瞻性、紧迫性。

表1.2 华北探区部分城区面积变化情况表

序号	城区	不同年度城区面积		增加面积/km²
		年度	城区面积/km²	
1	固安城区	2004年	22.0	44.2
		2018年	66.2	
2	任丘北城区	2004年	34.0	5.2
		2018年	39.2	
3	华北油田矿区	2005年	35.0	3.6
		2018年	38.6	
4	文安城区	2005年	18.0	7.8
		2018年	25.8	
5	深州城区	2006年	18.0	12.2
		2018年	30.2	
6	肃宁城区	2006年	16.0	7.5
		2018年	23.5	
7	永清城区	2007年	16.0	13.8
		2018年	29.8	
8	河间城区	2007年	23.0	9.3
		2018年	32.3	
9	高阳城区	2008年	20.0	6.3
		2018年	26.3	
10	霸州城区	2012年	37.0	11.8
		2018年	48.8	
11	辛集城区	2014年	45.0	11.6
		2018年	56.6	
12	博野城区	2015年	12.0	6.3
		2018年	18.3	
13	蠡县城区	2015年	21.0	7.8
		2018年	28.8	

1.2 城市油气勘探面临的挑战

改革开放以来，中国城镇化进程明显加快并取得显著进展，特别是中国东部地区，华北探区所处的京津冀城市群发展尤为迅速，城市的面积、人口、厂矿、交通设施得到飞速发展，在这类地区进行三维地震勘探的影响因素越来越多，施工所面临的困难越来越大。

1.2.1　城市快速规模化发展带来的挑战

城市的面积：中国东部地区经济发达，城市密度大，各县市之间直线距离为 17 ~ 30km，平均城市密度为 4 ~ 6 个/10^3km²，随着经济发展，城镇规模也逐年增大，一般达到 20 ~ 100km²（图 1.7）。城镇规模增大对地震勘探资料品质的稳定、观测系统的均匀布设、激发点参数的正常设计、设备保护和安全生产及环境保护都带了较大影响。

图 1.7　华北探区完成三维地震采集城区的分布及面积示意图

图 1.8 是 2016 年固安城区卫片，粉色区域是 2004 年固安城区范围，黄色圆点是 2004 年城区施工时布设的炮点。将 2004 年布设的炮点展在 2016 年的卫片图，可以明显地看出，当年城区内及城区外围的许多空地已变成了住宅小区、工厂。

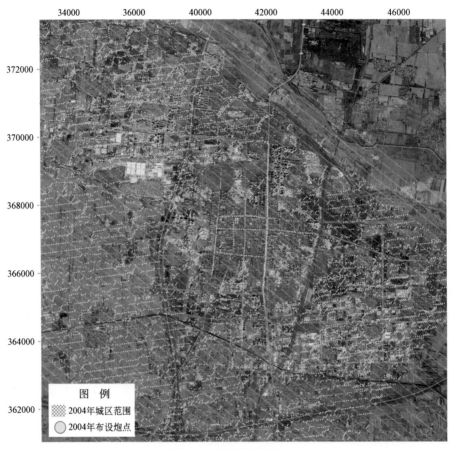

图 1.8　固安城区卫片

城市的车辆：随着居民生活水平的提高，机动车拥有量呈爆发式增长。以廊坊为例，据廊坊市城镇住户抽样调查结果显示，2008 年该市每百户汽车拥有量仅为 12 辆，2009 年迅速增至 19 辆，同比增长 58.3%，2010 年底每百户拥有汽车 23 辆，同比增长 21.1%，至 2017 年汽车拥有量呈年均两位数递增的趋势。根据廊坊市市公安交警支队统计数据显示，截至 2017 年 2 月底，全市机动车驾驶人达 1515533 人，其中市区已达 455568 人；全市机动车保有量达 1163217 辆，市区为 316733 辆，且仍以日均 180 余辆的速度增加，高峰日增近 400 辆。与 2016 年同期相比，全市机动车保有量净增 165769 辆，市区机动车保有量净增 44801 辆。车辆的急剧增加既加快了城镇居民的生活、生产节奏，也给城市交通带来了巨大压力。

城市的道路：随着汽车工业的发展，汽车保有量的飞速增加，推动着城市交通道路系统进一步完善。根据道路在城市道路系统中的地位、作用、交通功能以及对沿线建筑物的服务功能，我国目前将城市道路分为快速路、主干路、次干路及支路四类。快速路在特大城市或大城市中设置，是用中央分隔带将上、下行车辆分开，供汽车专用的快速路，主要联系市区各主要地区、市区和主要的近郊区、卫星城镇、联系主要的对外出路，负担城市主要客、货运交通，有较高车速和大的通行能力；主干路是城市道路网的骨架，联系城市的主要工业区、住宅区、港口、机场和车站等客货运中心，承担着城市主要交通任务的交通干道；次干路为市区内普通的交通干路，配合主干路组成城市干道网，起联系各部分和集散作用，分担主干路的交通负荷；支路是次干路与街坊路的连接线，为解决局部地区的交通而设置，以服务功能为主，部分主要支路设公共交通线路或自行车专用道，支路上一般限制过境交通车辆尤其是重型卡车的行驶（图 1.9）。

图 1.9　辛集市及周边主要交通干道

由于城市的发展，人口的集中，各种交通工具大量增加，城市交通日益拥挤，大部分城市对道路均进行了改造。首先改建地面现有道路系统，增辟城市高速干道、干路、环路以疏导、分散过境交通及市内交通，减轻城市中心区交通压力，以改善地面交通状况；其次发展地上高架道路与路堑式地下道路，供高速车辆行驶，减少地面交通的互相干扰。社会的需求推动着城市的发展，城市的发展史也就是一部城市道路的改造史，城市及周边的道路越来越发达。城市道路的增加、拓宽为可控震源点位的布设提供了便利条件，据统计，2017 年在廊坊城区内落实可控震源可实施道路的总长达到了 180km（表 1.3），可布设的震源点位达到了 4000 余个。

表 1.3　廊坊城区落实可控震源可实施道路情况

道路类型	道路宽度	条数	长度/km
街坊道	5m<路宽<10m	21	28.9
城区内支路	10m<路宽<20m	53	110.1
城区外环及次干道	20m<路宽<30m	19	31.4
主干道	路宽＞30m	2	9.6

城市的地面建筑：通过近年高速发展，随着产业结构及城市功能的提升，东部城市吸引了大量外来务工人员，在一定程度上促进了这些地区城镇化的发展。在老城区周边一般

建设工业新区或产业园区，入驻大量厂矿企业，老城区内的住房条件、城市交通、物流、供水、供气、热电、环境卫生、电信、教育、医疗等生活服务基础设施体系也不断改造、完善，由此城镇空间布局的问题越来越突出，致使城区面积不断扩大，地面建筑物更加密集，地面硬化程度越来越高。例如为了满足能源需求，在部分城市附近扩建或新建了变电所、发电厂或炼油厂；为了满足生产需求，建设了化肥厂、化工厂等；为了满足居民出行需求，进一步完善高速公路以及铁路交通设施，在城区周边扩建、新建了高铁站等；为了满足城镇居民居住需求，对老城区进行拆迁改造的同时，在城区内空地及周边大量建设了高层住宅小区等。

城市的地下设施：随着城镇化程度的提高，城市人口急剧增加，为满足大量人口的生活、工作需求，不但建设了地下商场、地下停车场、防空洞等，近年在道路两旁还建设了供气、供热、供水、排污管线以及各种通信光缆等管网设施，以至于城市的地下设施纵横交错，十分发达。

城市的人口：中国人口主要集中在中国东部地区，占到总人口的90%以上，平均人口密度约为284人/km^2。华北地区的人口密度约为400人/km^2，超出平均人口密度116人/km^{2}以上，人口密度很大（表1.4）。

表1.4　华北探区涉及的部分城市人口统计表

序号	城市	地区总人口/万人	城市人口/万人
1	固安城区	52	18.9
2	任丘北城区	78	17
3	马西三维油田矿区	12	12
4	文安城区	50	13
5	深州城区	56.6	10
6	肃宁城区	35	11.8
7	永清城区	38.8	13
8	河间城区	78	12
9	高阳城区	31.2	8
10	霸州城区	56	12
11	辛集城区	61.6	18
12	博野城区	25	7
13	蠡县城区	51	12
14	廊坊城区	450.4	93
15	雄安新区	104	104

城市的交通：作为物流中心、交通枢纽，东部地区交通网络密集而发达，高速公路、铁路、国道、省道、县乡村道纵横交错，各种车辆来往频繁。东部地区各城市之间已实现了高速公路、铁路、省道、县道相通，村与村之间实现了水泥路或柏油路相通，通行条件便利快捷。以廊坊城市三维为例，工区范围内有1条铁路、2条高铁、3条高速、2条国道、5条省

道穿过, 纵横交错, 仅道路面积达 21.7km², 占总施工面积的 3.7% (图 1.10)。

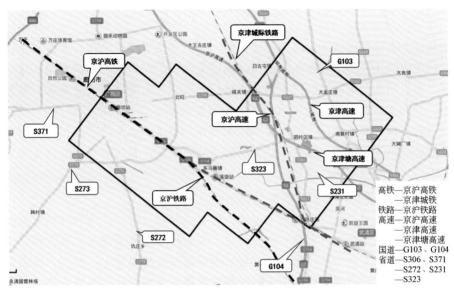

图 1.10 廊坊市区及周边交通网络图

城市的厂矿: 中国东部集中了中国的主要制造业, 在城市周围分布大量电子、机械制造、板材制造、五金加工、皮革加工、纺织、钢铁、化工、造纸等厂矿企业, 工农业设施发达, 人为活动频繁, 公路交通繁忙, 生产、生活造成环境噪声干扰非常严重 (图 1.11)。另外, 华北地区的城市多为油城, 抽油机随处可见, 电网密集、地下输油管道交错, 激发参数及点位设计困难。例如, 在 2017 年杨税务三维地震勘探中, 廊坊城区周边统计拥有 701 家厂矿企业, 给炮检点的布设带来很大困难, 同时也是影响资料品质的重要干扰源。

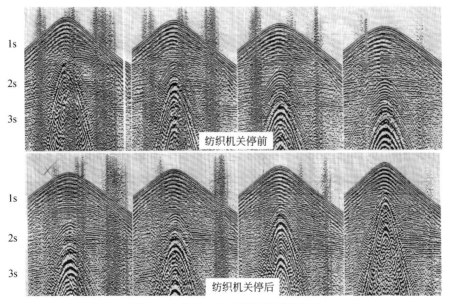

图 1.11 部分企业关停前后单炮资料

1.2.2　城市建设现代化带来的挑战

冀中油区、大港油区位于渤海湾盆地西部,涉及河北省、北京市、天津市。区内工农业发达,村庄、城镇较多。城镇和矿区内建筑物密集,公路、铁路纵横交错,地下管线众多,干扰严重。早期受地震勘探技术和装备条件的限制,大型城矿区的常规三维地震采集无法实施,导致大多数城矿区仍然属于三维资料空白区,在城区越来越复杂的地表条件、越来越特殊的环境状况下进行高精度三维地震勘探,将面临诸多难题和挑战,以往这类地区基本上是地震勘探的禁区,随着地震勘探装备的不断进步和技术能力持续提高,现在在此类地区进行三维地震勘探已成为可能。

1. 城市现代化建设及地震勘探的特点

近年我国制造业突飞猛进,带动了城镇化的飞速发展,第一,城市规模越来越大,在城区周边分布大量工厂企业、物流中心、人员、车辆流动性越来越大,导致城区干扰类型越来越复杂、干扰越来越严重,城区施工设备维护难度也越来越大;第二,城市服务功能越来越完善、各种基础设施发达,地面硬化程度更高,道路沿线各种地下管线、涵道、电网错综复杂,住宅区及商业中心区建设了大量地下停车场、人防设施,使炮检点参数设计难度加大、点位无法正常布设,常规观测系统难以实施;第三,为满足工农业生产及居民生活需求,地下水的大量抽取使潜水面逐年下降,在局部地区形成了世界之最的潜水面漏斗,导致表层结构横向变化剧烈,激发参数设计难度加大、静校正精度低;第四,城市便捷通达的内外交通网络为地震采集带来便利的同时,也对交通安全、民爆物品以及采集设备管理带来较大难度;第五,近年城矿区高层建筑越来越多、建筑物越来越密集,会对信号传输产生一定的屏蔽作用,如在 2017 年廊坊城区施工时,受高大密集建筑群的遮挡,局部区域信号较弱,对震源导航、解释组精细踏勘造成了较大影响。另外,随着城镇居民整体素质的提升,法制观念、维权意识更加强烈,促使城区地震勘探更加突出环保、人文、安全管理理念,勘探成本不断增加。

基于城区复杂地表和环境条件的特殊性,所使用的地震勘探方法与一般村镇农田区不同,需要以创新和发展的模式形成一套适合城区的地震勘探配套技术,归纳起来主要有以下几点。

(1) 观测系统方面:圈定城区范围后,首先进行特殊观测系统设计,城市外围农田区使用常规观测系统,城市区加大炮道密度设计,使用变观观测系统,重点要做好城区外围及城区观测系统的分析与衔接。

(2) 激发方面:根据城区复杂的地表条件、民爆物品管理和环保要求,地震采集视情况可分别使用炸药、可控震源来激发,表层调查采用重锤或电火花作为激发源。

(3) 接收方面:根据城区地表条件的变化,按照"平、稳、正、直、紧、静"的原则优选放样位置,因地制宜选择适合摆放检波器的位置。

(4) 环境噪声方面:详细调查干扰源的分布,分析城区干扰类型,摸清干扰规律,针对不同干扰采取相应措施,并采用分时段采集,强化激发、接收点位选择及参数设计来压制干扰。

2. 城市建设现代化对地震勘探的影响

随着社会的发展，城市的规模、地物、环境干扰等诸多因素都处在不断地变化中，如何克服这些不利因素的影响，获得高品质的地震资料，提高施工效率，是目前国内外地球物理勘探领域共同面对的难题与挑战。

（1）障碍区观测系统衔接问题：由于城区地表的复杂性与特殊性，存在大型障碍区的特观设计、特殊障碍区的炮道互换观测系统设计、井炮与震源混源激发、有线和节点仪器联合接收线距、覆盖次数等因素，均需考虑合理衔接问题；

（2）障碍区炮检点布设问题：城区内不仅建筑物密集连片，同时也存在着一些特殊的障碍区，造成"禁炮区"（如化工厂、炼油厂、热电厂等）、"禁道区"（如存在大型地下停车场、地下商场、地下人防设施等空洞区的地面区域或对电流等非常敏感的军事区、鞭炮厂等），如何布设炮点和检波点，有效避开特殊区域内障碍物，同时保证地下反射面元属性均匀，而不发生突变，是具有挑战性的问题；

（3）障碍区噪声问题：布设在城区、工厂、货物储运场内及主干道路附近的物理点，由于受其环境噪声的干扰，将造成地震资料信噪比大幅下降，怎样压制和避开环境噪声干扰，提高资料信噪比，成为城区地震采集期待解决的难题；

（4）障碍区目的层资料缺失问题：在特殊障碍区（如热电厂、军事区、飞机场、野生动物园等）内有许多物理点不能满足安全布设要求，将造成该区域内的物理点严重缺失，受其影响，不但使浅层资料缺失，并且还会使目的层资料不完整，从而达不到采集任务要求；

（5）障碍区资料分辨率问题：采用多种震源激发和多种检波器接收，必然会造成地震能量不均衡和地震子波不一致，地震信号的差异将造成分辨率的降低，同时，城区的地表条件的变化，如果检波器与地面耦合不好，使地震信号波形畸变，也会降低地震资料品质，最终造成地震资料分辨率降低。

1.2.3　城市地震条件复杂化带来的挑战

城区及周边低降速带情况：城市地势比较平坦，高程变化较小，但城市周边工农业相对发达，大量抽取地下水，造成城市不同区域潜水面逐年下降，而且下降的幅度各个地区有所不同，使得低降速带纵、横向变化更加复杂。以深南-河间地区为例，近地表主要是第四系黄土覆盖，局部含沙。通过近地表微测井调查，工区内低降速带厚度在几米至三十多米不等，一般分为两层和三层结构。低速层速度为 400~500m/s，厚度为 4~12m；降速层速度为 500~1200m/s，厚度为 3~25m；高速层速度为 1600~1800m/s。因地表水系受人为改造影响，在城区及工业区附近出现了深 12~14m 的"漏斗"现象（图 1.12）。从图 1.13 看，漏斗区对资料品质影响较大，其单炮及叠加剖面能量明显变弱、资料信噪比降低，资料品质变差。

表层吸收对资料的影响：深州城区分别于 1998 年、2006 年、2012 年进行过三维地震勘探，由不同年度微测井调查资料平面图和剖面图可见（图 1.14），该区潜水面以 1~2m/a 的速度下降，2006 年低降速带厚度在 10~30m，2012 年调查结果低降速带厚度在

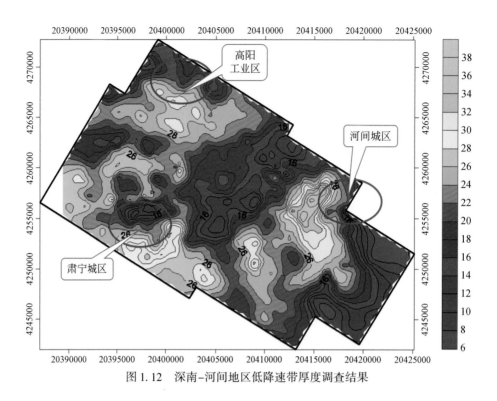

图 1.12　深南–河间地区低降速带厚度调查结果

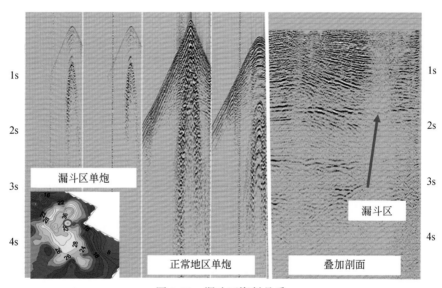

图 1.13　漏斗区资料品质

15~45m,2012 年低降速带厚度比 2006 年增加 6~15m，表层吸收衰减增大了 2~4dB（图 1.15），2012 年表层结构更加复杂，表层吸收衰减更加严重。对比 2006 年、2012 年单炮记录（图 1.16），由于两个年度表层结构变化剧烈，2012 年表层吸收衰减更加严重，所以其单炮记录浅层折射更严重，目的层反射更弱，信噪比明显更低。

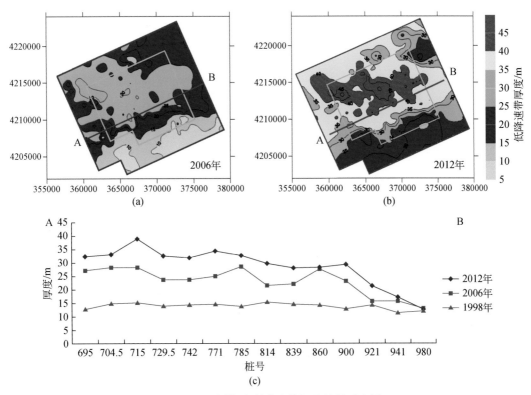

图 1.14　不同年度低降速带调查结果对比图

（a）2006 年低降速带厚度平面图；（b）2012 年低降速带厚度平面图；（c）不同年度低降速带厚度变化曲线对比

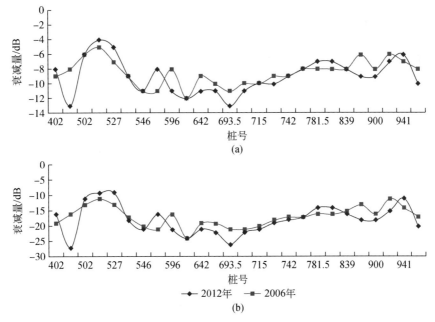

图 1.15　不同年度频率成分表层吸收衰减对比

（a）20Hz；（b）40Hz

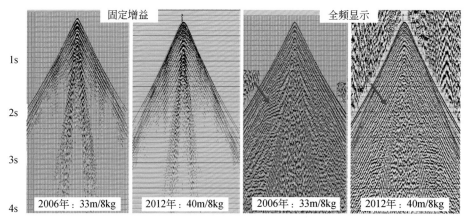

图 1.16　不同年度单炮记录对比

　　城区干扰波情况：城矿区随机干扰严重，主要有交通、机械、管线、50Hz 工业电、人为干扰、随机干扰等（图 1.17、图 1.18）；规则干扰主要为面波和浅层折射波。对不同干扰源频谱分析表明（图 1.19），城区干扰源的频谱范围主要集中在 5～30Hz，工业电干扰主频在 50Hz 左右，城区干扰源的频谱范围与工区主要目的层的优势频带重合，是影响地震资料品质的主要因素。随着城区规模的扩大，干扰类型越来越复杂、环境噪声越来越严重，不同干扰影响范围及频谱分析如下：

图 1.17　城区及周边部分干扰源

（1）城区环境噪声：能量强，严重影响资料信噪比，影响频宽 5～30Hz。

（2）高速公路：一般影响 20～40 道，影响频宽 5～20Hz。

（3）夯击干扰：一般影响 80 道左右，影响频宽 5～20Hz。

（4）抽油机：一般影响 3～4 道，影响频宽 5～25Hz，一般抽油机附近也存在 50Hz 干扰。

（5）工厂：一般为机械生产、车辆干扰，影响范围大，影响频宽 5～30Hz。

（6）50Hz 高压电干扰：城区及周边广泛分布，一般在城乡结合部最为严重。

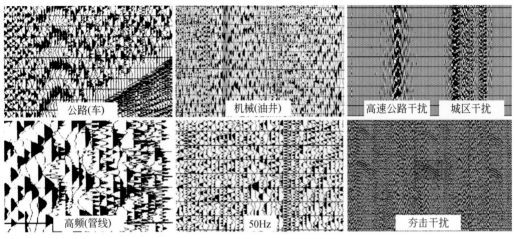

图 1.18　城区环境噪声记录

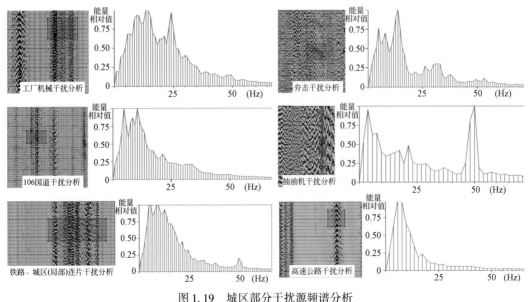

图 1.19　城区部分干扰源频谱分析

城区近地表障碍：城区施工前用地质雷达对城区内激发点附近的桥涵管线、防空洞进行全方位调查（图 1.20），采取规避措施将激发点偏移到桥涵管线的安全距离外，确保安全生产。2017 年城区施工前对武清区利用地质雷达探测出异常点 397 个，剔除危险震源点 262 个。廊坊城区通过到规划局数据中心收集有关基建资料和地质雷达探测的方式，落实地下水泥管线 6386 条，去除危险震源点 306 个，核心城区共落实可实施井炮的空地 10 个。

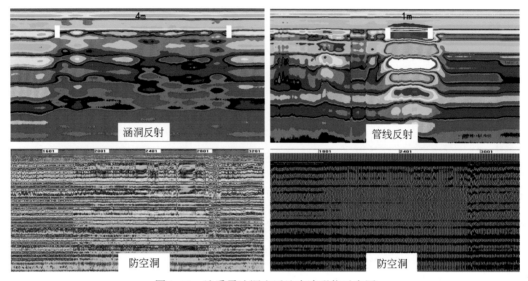

图 1.20　地质雷达调查近地表障碍物示意图

　　地震资料品质情况：城市内障碍物密集、各种生产生活设施发达，激发点位及参数设计局限性大，激发条件差；城市地表人为改造及地面硬化程度高，接收条件差；环境噪声严重，进一步降低了资料信噪比，导致地震资料品质总体较差。城区按照"井炮+震源"混合激发的布点原则，即在城镇区的道路上布设可控震源点，城镇外围的空地中布设井炮点。从采集效果看，在高信噪比地区，以廊坊城区为例（图 1.21），可控震源激发单炮记

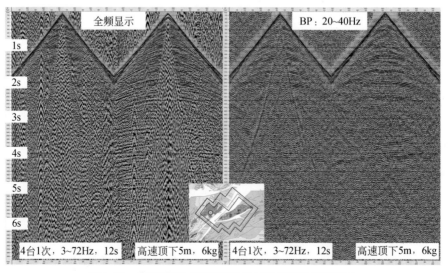

图 1.21　廊坊城区可控震源激发与炸药激发单炮记录

录信噪比相对较低，在2.2s以上能见到较好反射，炸药激发单炮能量相对更强，在4.5s以上能见到清晰反射；在低信噪比地区，以深州城区为例（图1.22），受表层吸收衰减及环境噪声干扰影响，除潜山面 Tg 反射稍强外，可控震源与炸药震源单炮记录其他目的层反射非常微弱、资料信噪比极低，可控震源激发效果与2kg炸药激发效果基本相当。

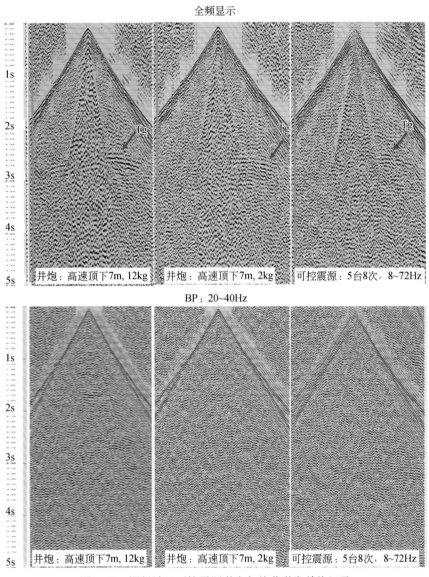

图 1.22　深州城区可控震源激发与炸药激发单炮记录

1.3　城市油气三维地震勘探历程

自20世纪80年代，中国东部地区开始实施三维地震勘探，为东部油田的增储上产发挥了重要作用。随着勘探程度的不断提高，地表简单的富油区基本上已被三维地震覆盖，但受勘探装备和技术能力的限制，大量地表复杂的城矿区仍属三维勘探空白区，制约了富油凹陷的整体认识、整体评价和整体部署。以 1996 年华北油田在任丘市城区开展三维地震采集为标志，国内的城市油气三维地震勘探开始起步，随后华北探区开展了 15 个城市油气三维地震勘探，国内其他探区也相应地开展了一些城市三维采集工作，如 2002 年东营城区三维地震采集、2006 年松原城区三维地震采集（表 1.5）。

表 1.5　国内各探区完成城市油气三维地震勘探项目基本情况

采集年度	所在探区	城市	施工单位
1996 年	华北探区	任丘市	华北物探处
2002 年	胜利探区	东营市	胜利物探公司
2004 年	华北探区	固安县	华北物探处
2004 年	华北探区	任丘市	华北物探处
2005 年	华北探区	任丘市	华北物探处
2005 年	华北探区	文安县	华北物探处
2006 年	华北探区	深州市	华北物探处
2006 年	华北探区	肃宁县	华北物探处
2006 年	吉林探区	松原市	大庆物探二公司
2006 年	辽河探区	兴隆台区	辽河物探处
2007 年	华北探区	永清县	华北物探处
2007 年	华北探区	河间市	华北物探处
2008 年	华北探区	高阳县	华北物探处
2009 年	大庆探区	长垣油田	大庆物探一公司
2012 年	华北探区	霸州市	华北物探处
2012 年	大港探区	塘沽区	大港物探处
2014 年	华北探区	辛集市	华北物探处
2015 年	华北探区	博野县	华北物探处
2015 年	华北探区	蠡县	华北物探处

国内城市油气三维地震勘探以装备投入和技术进步为划分依据可划分为三个阶段。

1.3.1　早期窄方位三维地震勘探阶段

20 世纪 90 年代中后期，随着勘探深度和广度的扩大，开展了城市油气三维地震勘探。这个时期的城市油气三维观测系统受当时装备的限制，接收线数少，覆盖次数低，处在"少炮、少道、低覆盖密度、单纯井炮激发有线接收"小型城市窄方位三维勘探阶段。以 1996 年任丘构造带北部城市油气三维地震采集项目为例，当时采用 6 线 4 炮 60 道观测系统（表 1.6），未进行城区特观设计，投入总道数 360 道，检波线沿城区道路或根据障碍物情况适当进行偏移，通过在城区空地内加密炮点提高覆盖次数（图 1.23），首次在城区范围内得到三维地震采集资料。

表 1.6　1996 年任丘构造带北部及 2002 年东营城市油气三维地震勘探主要观测系统参数[2]

城市	观测系统类型	纵向观测系统	理论覆盖次数/次	城区覆盖次数/次	面元大小/m×m	接收道数/道	排列线距/m	最大炮检距/m	横纵比	覆盖密度/（万道/km²）
1996 年任丘城区	6L×4S×60R	3050−100−50−0	20	20 ~ 40	25×50	360	200	3090	0.16	1.6
2002 年东营城区	6L×8S×240R	5975−25−50−25−5975	45	45 ~ 60	25×25	1440	400	6089	0.2	7.2

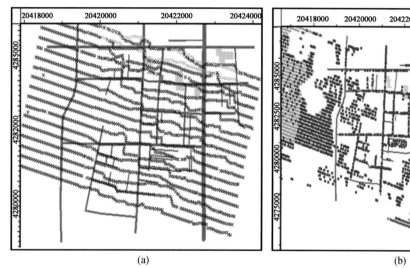
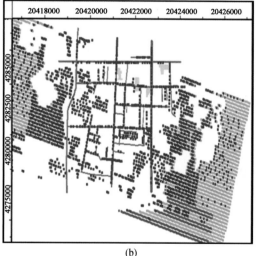

图 1.23　1996 年任丘构造带北部城市油气三维地震炮检点分布示意图
（a）检波点分布示意图；（b）炮点分布示意图

1.3.2　中期 2.5T 三维地震勘探阶段

2003 年之后，随着物探技术的发展，高覆盖次数成为趋势，根据不同地质目标选择不同的针对性强的观测系统（表 1.7），从观测系统和投入设备角度来说，处在"多炮、少道、有线接收、井震联合激发、较高覆盖密度"中型城市 2.5T 三维勘探阶段。观测系统接收线数一般在 12 ~ 30 线（表 1.7），覆盖次数一般在 200 次以内，接收道数在 5000 道以内，覆盖密度不超过 50 万道/km²。

表 1.7 2004～2015 年国内各探区典型城市油气三维地震勘探主要观测系统参数[3-7]

城市	观测系统类型	纵向观测系统	理论覆盖次数/次	城区覆盖次数	面元大小/m×m	接收道数/道	排列线距/m	最大炮检距/m	横纵比	覆盖密度/（万道/km²）
2004 年固安城区	12L×224R	4780-20-40-20-4140	84	130 次以上	20×20	2688	240	5060	0.32	21
2004 年任丘北城区	20L×180R	4475-25-50-25-4475	60	100 次以上	25×25	3600	200	5545	0.71	9.6
2005 年油田矿区	18L×200R	3980-20-40-20-3980	72	130 次以上	20×20	3600	240	4972	0.75	18
2005 年文安城区	18L×140R	3675-25-50-25-3275	60	90 次以上	25×25	2520	200	4487	0.7	9.6
2006 年深州城区	14L×196R+6L×120R	3900-20-40-20-3900	84	130 次以上	20×20	2744+720	320	4836	0.54	21
2006 年肃宁城区	16L×160R+4L×120R	3180-20-40-20-3180	48	110 次左右	20×20	2560+480	320	4626	0.48	12
2006 年松源城区	10L×5S×80R	1185-15-30-15-1185	40	60 次左右	15×30	800	60	1215	0.22	8.9
2006 年兴隆台城区	16L×4S×192R	4775-25-50-25-4775	96	120 次左右	25×25	3072	200	5130	0.33	15.4
2007 年永清城区	16L×192R	3820-20-40-20-3820	72	110 次左右	20×20	3072	240	4714	0.71	18
2007 年河间城区	16L×180R+8L×90R	3580-20-40-20-3580	72	120 次以上	20×20	2880+720	200	4255	0.92	18
2008 年高阳城区	16L×140R+（6L、7L）×80R	3475-25-50-25-3475	90	130 次	25×25	2240+（480、560）	250	4385	0.42	14.4
2009 年长垣油田主城区	16L×6S×220R	2190-10-20-10-2190	80	100 次左右	10×10	3520	120	2387	0.63	80
2012 年霸州城区	24L×18S×192R+8L×80R	2980-20-40-20-4660	96	150 次以上	20×20	4608+640	240	5468	0.41	24
2012 年塘沽城区	16L×2S×176R	4375-25-50-25-4375	176	200 次以上	25×25	2816	100	4443	0.18	28.2

续表

城市	观测系统类型	纵向观测系统	理论覆盖次数/次	城区覆盖次数/次	面元大小/m×m	接收道数/道	排列线距/m	最大炮检距/m	横纵比	覆盖密度/（万道/km²）
2014 年辛集城区	24L×6S×168R+（10~12）L×81R	3340−20−40−20−3340	108	120~150 次	20×20	4032+972	240	4397	0.75	27
2015 年博野城区	22L5S110R+8L72R	2725−25−50−25−2725	100	150 次以上	25×25	2420+576	250	3854	1	24
2015 年蠡县城区	22L5S110R+8L72R	2725−25−50−25−2725	100	150 次以上	25×25	2420+576	250	3854	1	24

以任丘北城区和霸州城区油气三维采集为例介绍一下这一阶段采集特色技术。任丘北城市油气三维主要是落实潜山及内幕细节，解决复杂断块、岩性体的识别问题，而以往剖面品质较差、深层吸收严重，说明本区中深层地震地质条件较差。如何解决复杂深层构造及较差的地震地质条件下深层资料的信噪比和成像精度，是此次任丘北城区油气三维勘探的重中之重。针对城矿区建筑物密集、交通繁忙等特点，采用了基于复杂地表和深层构造的特观设计技术，利用高精度卫星照片，为城区特观设计提供了相对准确的炮检点数据，特殊禁炮区的加密接收点技术，强干扰区的"以炮代道"技术，城区采用大排列片接收，适当延长排列，增加有效信息量，提高目的层段有效覆盖次数，从而提高资料的信噪比[8]。在任丘北城区利用卫星照片设计城区炮检点：城区震源激发点 516 个，城区井炮激发点 548 个，城区以西井激发炮点 645 个。实际实施后城区震源 519 炮，城区井炮 657 炮，城西井炮 712 炮，准确率达到 90% 以上。利用高精度卫星照片指导布设的炮检点分布更加均匀，检波点横向偏移较小，点位放样更合理，检波器更有利于与大地耦合，炮点最大限度利用有效空地和街道，尽可能提高炮点的密度，有利于得到全城区的地震资料。

通过运用城矿区井震联合分时段激发技术，既解决了城区激发点位不足的问题，增加深层的有效覆盖次数，取全了浅层资料，同时有效地提高单炮资料品质，保证了主要目的层段的资料品质（图 1.24）。

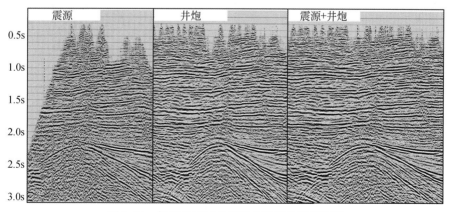

图 1.24　任丘北城区井震联合激发效果对比图

利用任丘北城市油气三维新资料（图 1.25），经过精细处理和综合研究，发现和落实了长 3、长 6、出岸等一系列潜山圈闭，展示了该区潜山勘探的良好前景。2006 年钻探长 3 井获得日产 518m³ 的高产工业油流，是自 1986 年以来华北油田单井产量最高的一口井，也是中石油 2006 年单井产量最高的探井。根据整体勘探部署，2007 年优选钻探的长 6 井在雾迷山组获得日产 108m³ 高产工业油流，打破了华北油田多年来潜山勘探的沉寂局面，2007 年上交控制石油地质储量 2686×10⁴t。

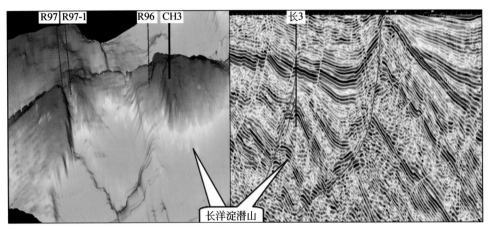

图 1.25　长洋淀潜山构造立体图和过长 3 井成果剖面

霸州城区油气三维地震勘探于 2011 年底施工，城矿区采集历经 10 年的发展，已经具有了比较成熟的大型障碍物区特观设计技术。根据目标区地下地质情况，为了取全城区中浅层资料，确保深层资料的信噪比，采用"大排列与小排列互补、炮点与检波点互补、大药量与小药量互补、井炮与可控震源互补、城内与城外互补"等特殊观测系统。首先，采用大排列片接收。根据不同非纵距的试验资料，合理选择最大非纵距、最大炮检距，延长城区外围炮点的接收排列片范围，增强对城区深层地层反射波的观测能力，从而提高城区深层资料品质。其次，采用减小接收线距或增加小排列的方式（图 1.26），增加接收点密度，从而改善地下空间照明效果。在城区中心部位增加小排列 8 条，合计 640 道，增加城

图 1.26　霸州城区三维地震采集特殊观测系统模板

红色为炮点；蓝色为大排列接收点；黑色为小排列接收点

区内近偏移距信息和覆盖次数。霸州城区三维地震采集时，外围正常的观测系统是 16 线×6 炮×160 道、80~96 次覆盖，霸州城区设计了 24 线×18 炮×192 道+8 线×80 道的特殊观测系统，使覆盖次数提高到 150 次以上（图 1.27），有效压制了噪声干扰，提高了深层资料的信噪比。

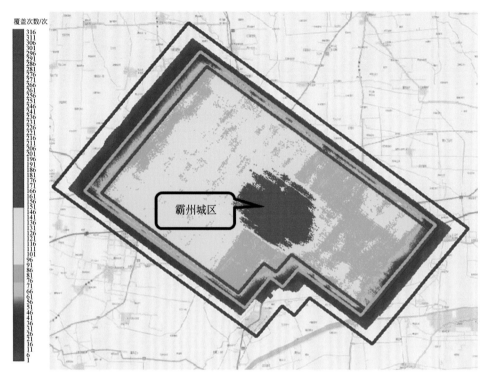

图 1.27　霸州城区油气三维地震勘探项目覆盖次数分布图

最后，采用井震联合或适当增加非纵炮点的方式增加城区的激发点数，保证地震资料浅层的覆盖次数；在城矿区外围加密大药量激发点，增加城矿区深层资料的能量和信噪比。通过在霸州城区 10 条主要道路上实施可控震源激发，共计完成可控震源炮 329 炮，有效避免了浅层开口并保证了资料品质，取得了非常好的剖面效果（图 1.28）。

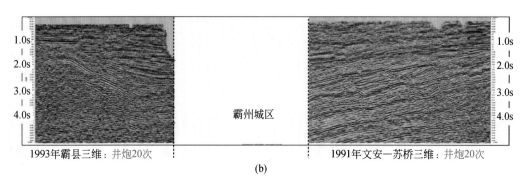

1993年霸县三维：井炮20次　　　　　　　　　　1991年文安—苏桥三维：井炮20次

(b)

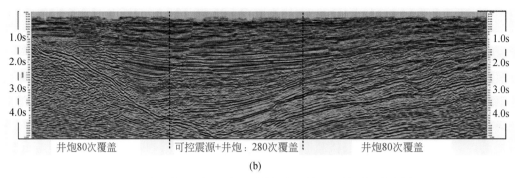

井炮80次覆盖　　　可控震源+井炮：280次覆盖　　　井炮80次覆盖

(b)

图 1.28　霸州城区油气三维地震勘探实施前后叠前时间偏移剖面

（a）实施前；（b）实施后

1.3.3　近期"两宽一高"三维地震勘探阶段

随着城区勘探技术的不断进步，超大型城区的勘探需求日益增加。近年来，基于装备技术的革新，超大型城区的三维地震采集观测系统参数越来越强化（表1.8），投入装备越来越多。处在"多炮、多道、高覆盖密度、井震混源激发节点有线混采"的超大型城市油气三维勘探阶段。观测系统接收线数达到 88 线（表 1.8），城区覆盖次数在 800~1200 次，接收道数 17600 道，覆盖密度 128 万道/km²。

表 1.8　超大型城市油气三维地震勘探主要观测系统参数

城区	观测系统类型	纵向观测系统	理论覆盖次数/次	城区覆盖次数/次	面元大小/m×m	接收道数/道	排列线距/m	最大炮检距/m	横纵比	覆盖密度/（万道/km²）
廊坊城区	88L×4S×200R	4975–25–50–25–4975	800	800~1200	25×25	17600	100	6625	0.88	128

廊坊城区油气三维地震勘探施工面积超过100km²，为国内目前最大的城市油气三维项目，勘探目标杨税务潜山及内幕埋藏深度大，达到了 6000m 左右。勘探区目的层为寒武系雾迷山组，波场复杂，内幕断层准确归位难，而且地表施工环境极其复杂。

为了更好地完成地质任务，该项目是国内首次在大型城矿复杂地表区采用"节点+有线"联合采集技术，有效解决了有线仪器设备由于绕道导致资源量占用大、生产效率低、安全风险高等难题，而且提出了震源行进轨迹设计技术，采用"束状+片状"联合施工的方式，提高施工效率。勘探施工核心城区道路上采用震源激发，城中空地、城区外围采用井炮激发（图1.29），廊坊城区的炮点距由50m加密到25m，接收线距由200m加密到100m，道密度达到 200 道/km²，是城外的 2 倍，确保观测系统属性的均匀性及资料品质。使得廊坊城区首次采用 17600 道接收，廊坊城区整体的覆盖次数达到 900 次以上，保证了杨税务潜山及内幕资料的精确成像。

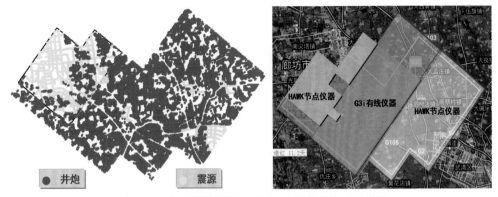

图 1.29　井/震混源激发、节点/有线混采施工示意图

　　本次城区三维勘探不仅强化了观测系统参数，而且做到最优的炮检点设计，为了能够使炮点合理偏移，专门研发了"地震采集工程实施模拟系统"（图 1.30），利用图像边缘检测和轮廓跟踪等关键技术对卫图进行处理，实现卫图半自动矢量化，为物理点室内预设计提供准确的基础数据。根据"波场均匀性采样"原则，创新提出了"就近+互补线"就近自动偏点方法和基于"贡献度"的炮点辅助加密方法，最大程度保持偏移距均匀分布，面元属性均匀性明显提高。

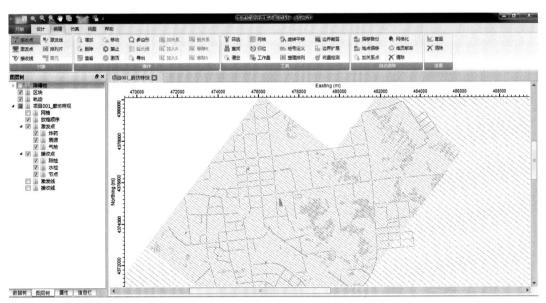

图 1.30　地震采集工程实施模拟系统软件主界面

1.4　城市油气三维地震勘探与城市工程地质勘探的差异

　　勘探地震学是利用岩石的弹性性质研究地层、地下矿床和解决工程地质、环境地质问

题的一门学科，是应用地球物理学的分支。勘探地震学是为寻找石油和天然气而发展起来的，油气地震勘探通过人工方式在地面产生震动，形成向地下发射的地震波，这些地震波在地下不同的岩石界面上形成反射最终回到地面来。油气地震勘探采用地震波接收仪器将这些地震反射波记录下来，这些地震波携带了地下地层构造等油气信息，利用地震波的波形和传播时间研究地下构造形态是勘探地震学最传统的研究内容。城市油气三维地震是在城市范围内寻找石油、天然气资源最有效的手段。

工程地质勘探包括工程地质坑探、工程地质钻探以及工程地质物探等多种方法，对城市规划、大型厂房建设和桥梁建设工程初期规划的区域进行调查研究分析，为工程设计和施工提供所需的基岩地质资料。其中工程地质物探的三维地震方法与城市油气三维地震相类似，也是利用勘探地震学的方法和原理开展地震勘探工作，作为钻探的先行手段，了解隐蔽的地质界线、界面或异常点，在钻孔之间增加地球物理勘查点，为钻探成果的内插或外推提供依据。

城市油气三维地震勘探与城市工程地质勘探存在较大差异，在勘探目的、勘探范围、目的层深度、采用方法、投入设备等各个方面都有着明显不同。城市油气三维地震勘探是以寻找石油、天然气等矿藏为主要目的，通过三维地震采集得到能够反映地下真实地层结构的剖面数据，在详细分析采集资料的基础上确定钻探井位，进而发现石油、天然气等矿藏。而城市工程地质勘探是以调查区域稳定性、地基稳定性、供水水源、地质环境的合理利用与保护为目的，可以查明建筑厂区的工程地质条件，论证工程地质问题，正确地做出工程地质评价，以提供建筑设计、施工和使用所需的地质资料。城市油气三维地震勘探范围大，目的层深度从几百米一直到几千米，采用方法复杂，投入设备多，相反，城市工程地质勘探范围一般较小，目的层深度在几百米以内，采用方法相对简单，投入设备少。

参 考 文 献

[1] 邓志文，白旭明，唐传章，等.2007.高精度城市三维地震采集技术 [J].天然气工业，27（增刊A）：46~48.

[2] 胡立新.2003.东营城区高精度三维地震采集方法研究 [D].中国海洋大学工程硕士学位论文.

[3] 姜远升.2009.兴隆台复杂城区三维地震采集技术研究 [D].中国地质大学（北京）硕士学位论文.

[4] 焦文龙，蒋永祥，何永清，等.2006.玉门复杂城区三维地震采集技术 [J].天然气工业，26（8）：47~49.

[5] 刘绍新，王建民，金昌赫，等.2010.大庆长垣油田主城区高精度三维地震激发技术 [J].石油地球物理勘探，45（增刊1）：30~34.

[6] 聂明涛，丁冠东，刘仁武，等.2017.复杂城区过渡带地震采集技术及应用 [C] //石油地球物理勘探编辑部.中国石油学会2017年物探技术研讨会论文集.天津：石油地球物理勘探编辑部：72~75.

[7] 齐志彬，姜呈馥，赵飞，等.2009.松原城区三维地震技术研究与应用 [J].中国石油勘探，（4）：74~78.

[8] 张以明，白旭明，张登豪，等.2008.城（矿）区高精度三维地震采集技术 [J].中国石油勘探，（2）：29~36.

第2章 城市三维地震采集设计技术

由于城市的地表条件和周围环境都非常复杂，且城市内地物、环境干扰等诸多因素都处在不断地变化中，因此大型城市是地震勘探中所面临的最复杂的地震地质条件之一，也是目前国内外地球物理勘探领域共同面临的难题与挑战。如何克服这些不利因素的影响，获得高品质的地震资料，采用常规的采集参数已不能满足最终地质目标需求，必须根据城市的具体情况，设计针对性的观测系统、激发、接收参数。

2.1 城市三维地震采集设计难点分析

通常情况下，由于城市内建筑物密集，公路、铁路纵横交错，地下管线众多，外界环境干扰严重，不仅包含陆地，还有水域部分，且这些地貌地物、环境干扰等诸多因素都处在不断地变化中。另外，城市油气勘探所使用的地震采集方法与常规的有所不同。因此，给地震采集技术方案的设计带来诸多问题与挑战。

2.1.1 观测系统衔接难度大

由于城市内外地貌地物及环境噪声的差异性，为了得好的地震资料，所采用的观测系统参数不尽相同。另外，如存在陆域和水域时，所采用的观测系统的类型也不同（图2.1）。如城市内采用一种观测系统，城市外围陆地区域使用另一种观测系统，而水域区又使用另外一种观测系统。这就涉及多种不同的观测系统，因此，如何实现城市内外的观测系统无缝衔接，是城市油气勘探观测系统设计的主要问题。

图2.1 大型城市图片

2.1.2 浅层资料采集难度大

大型城市有超常复杂的主城区、工业区、港口储运区、港口航运区、滩涂区、港口扩建区（淤泥沉淀池区和大型建设工地）等不同地表，而且城市内建筑物密集，道路纵横交错，地下管线众多，对地震采集施工的安全距离提出了很高的要求，许多炮点和检波点无法布设，造成浅层地震资料缺失或空白带（图2.2），使得整个勘探目标的地震资料不完整，严重影响了地质精细解释的效果。

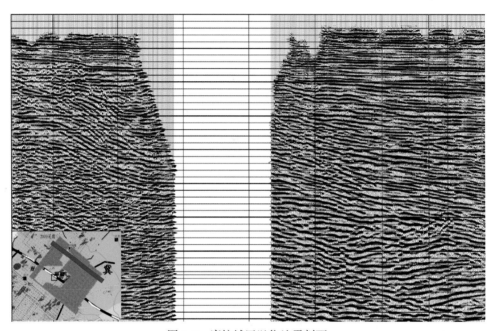

图 2.2 廊坊城区以往地震剖面

2.1.3 环境噪声发育强度大

布设在城市内的物理点，由于噪声源密布（图2.3），所以环境噪声对地震波干扰强烈，而且城市地震采集时激发的能量相对较弱，将造成地震资料信噪比大幅下降。另外，水域区还存在水底鸣震和虚反射干扰。所以，怎样避开和压制环境噪声干扰，提高资料信噪比，成为城市地震采集亟待解决的难题。

另外，在城市中进行三维地震采集，根据其复杂的地表条件和环保要求，需要采用炸药、可控震源、气枪等多种震源来激发，除了会造成地震能量不均衡和地震子波不一致以外，也使得原始资料信噪比降低[1]。同时，由于城市中检波器与地面耦合不好，也会降低地震资料的信噪比。

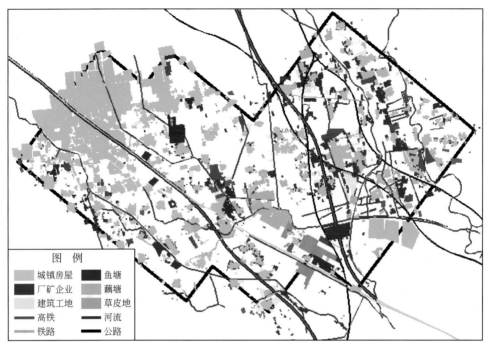

图 2.3　廊坊项目地表障碍物分布图

2.1.4　采集装备类型多样

随着城市的规模化发展日益迅速及现代化建设日新月异，其地表及地下条件越来越复杂，地面高楼林立、道路纵横交错，地下管网、涵洞及人防工程星罗棋布（图2.4）。另外，外界干扰十分严重，人文环境非常复杂。因此，在城市中开展三维地震采集，需要采用具有针对性的震源、检波器、地震仪器、表层调查等多种类型的采集设备，以实现安全、环保、平稳、优质生产。

图 2.4　廊坊市地面设施照片

2.1.5　采集参数多变

受城市及其周边地形地貌、环境噪声、激发接收环境及安全因素等多方面的影响，需要采用不同的、时变的、空变的地震采集参数才能保证地震资料品质，满足地质需求，因此，给观测系统、激发、接收参数的设计带来很大困难。

2.1.6　地震采集参数设计思路

针对城市油气三维地震勘探面临的挑战及采集参数设计的难题，结合勘探目标的地质需求，依托当前地球物理新技术新方法，通过理论计算、模型正演，结合实际试验资料，开展观测系统参数、激发参数、接收参数设计，形成城市油气三维地震采集设计技术。具体设计思路及对策见图2.5。

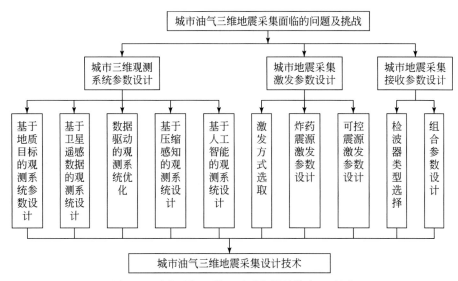

图 2.5　城市油气三维地震采集设计技术思路图

2.2　城市三维观测系统参数设计

观测系统设计是地震采集方法设计的主线。在城市三维地震采集的观测系统设计时，首先，必须针对油田勘探开发的地质目标，设计观测系统的基本参数；其次，根据城市的规模、地面设施、环境噪声等情况，结合勘探设备资源，借助卫星遥感数据、实际地震资料及新技术新方法，进一步优化观测系统的各项参数，最终形成一套适合于城市油气三维地震采集的观测系统方案。

2.2.1　基于地质目标的观测系统参数论证

随着油气勘探地质需求的不断提高，城市三维地震采集时，需要采用"高密度+宽方位+长排列"观测系统参数，以满足高精度成像处理、OVT 处理、AVO 处理的需求，提高非均质性储层预测及含油气检测的精度。因此需要根据地质目标的地震地质条件，重点针对 CMP 面元、覆盖次数、最大炮检距、方位角、接收线距等关键参数开展论证分析。

1. CMP 面元

在地震勘探中，面元的大小直接影响地震资料的横向分辨率和地下地质体的识别精度。为保证 CMP 叠加的反射信息具有真实代表性，面元的大小应满足以下四个方面的要求。

1）满足具有较好横向分辨率的要求

根据空间采样间隔原理，只有当地震信号每个优势频率的波长内有 2 个以上的采样点时，才能保证地震资料在空间上具有良好的横向分辨率，具体公式如下[2]：

$$B \leq V_{int}/(2 \times F_p) \tag{2.1}$$

式中，B 为面元边长（m）；V_{int} 为目的层上覆地层层速度（m/s）；F_p 为目的层主频（Hz）。

2）满足最高无混叠频率的要求

对于任何倾斜同相轴都有一个叠前最高无假频频率，它依赖其上覆地层的层速度和地层倾角，其要求的面元边长为[2]

$$B \leq V_{int}/(4 \times F_{max} \times \sin\theta) \tag{2.2}$$

式中，B 为面元边长（m）；V_{int} 为目的层上覆地层层速度（m/s）；F_{max} 为最高无混叠频率（Hz）；θ 为地层最大倾角（°）。

3）穿过要分辨的最小地质体不少于 4 个地震道

信噪比大于 1 时，穿过要分辨的最小地质体不少于 4 个地震道，即面元边长需满足公式[2]：

$$B \leq D_横/4 \tag{2.3}$$

式中，B 为面元边长（m）；$D_横$ 为横向分辨率（m）。

4）满足绕射波偏移归位的需求

为了使绕射波在处理时能准确地偏移归位，面元边长必须要满足公式[2]：

$$B \leq \frac{n\Delta x_1}{4F_{max}\Delta t_1} \tag{2.4}$$

式中，Δx_1 为地震剖面上面元边长（m）；n 为地震剖面上分析范围内跨越面元的个数；F_{max} 为需要保护的最高无混叠频率（Hz）；Δt_1 为以往地震剖面上分析范围内跨越的时间（s）。

在设计城市三维地震观测系统的 CMP 面元时，根据勘探目标需要保护的最高频率，结合工区地球物理模型参数，利用式（2.1）~式（2.4），计算出主要目的层对应的面元边长。另外，还要考虑所在城市的地面建筑物、道路、管线等障碍物的大小及其密度情况。目前，由于城市中的障碍物面积大且分布密集，因此城市三维地震观测系统 CMP 面元不宜过小，以保证野外采集的可实施性。一般情况下采用 20m×20m 或 25m×25m 比较科学合理。

2. 覆盖次数

三维地震地下反射点的覆盖次数是指其总覆盖次数 N，它是由纵测线方向（X 方向）覆盖次数 N_x 与横测线方向（Y 方向）覆盖次数 N_y 的乘积组成，$N = N_x \times N_y$。

纵向覆盖次数的计算与二维一致[2,3]。

$$N_x = \frac{\text{RLL}}{2 \times \text{SLI}} \tag{2.5}$$

式中，N_x 为纵向覆盖次数；RLL 为纵向接收线长度（m）；SLI 为炮线距（m）。

横向覆盖次数等于一束接收线条数的一半[2,3]。

$$N_y = \frac{\text{NRL}}{2} \tag{2.6}$$

式中，N_y 为横向覆盖次数；NRL 为束接收线条数。

采集覆盖密度的计算公式[2]：

$$\rho_F = \frac{N}{B_x \times B_y} \times 10^6 \tag{2.7}$$

式中，ρ_F 为覆盖密度（万次/km^2）；N 为三维覆盖次数；B_x 为横向上的 CMP 面元边长（m）；B_y 为纵向上的 CMP 面元边长（m）。

对于可控震源激发，若每平方千米的覆盖密度大于 100 万次，即为高密度；对于炸药震源激发，每平方千米的覆盖密度大于 50 万次，即为高密度。

覆盖次数主要根据勘探地质目标所要求的地震资料品质和分辨率确定[4,5]，由于城市中环境干扰大、接收条件差且激发能量较弱，因此需要采用高的覆盖次数，以保证地震成果数据的资料品质。一般情况下，城区的覆盖次数是非城区的 2 ~ 4 倍。高覆盖即高密度采集具有以下几方面的优势：

（1）增加目的层的有效覆盖次数，保证各种波场的无假频采样，使得面元属性均匀；

（2）在室内通过灵活有效的数据处理技术，在保证资料信噪比的基础上提高数据的纵、横向分辨率和保真度；

（3）在解释方面利用丰富的信息，可进行复杂储层的预测和流体识别及精细的油藏描述。

3. 最大炮检距

最大炮检距即为炮点与最远接收道之间的距离。多年的勘探经验表明，足够的最大炮检距有利于获得深层的反射信息，提高速度分析的精度，并能保证中、深层具有较高的有效覆盖次数，是提高城市地震采集质量一种切实可行的方式。为了尽量减小处理过程中动校拉伸量，最大炮检距也不能太长。最大炮检距的选择，要根据不同的勘探目标，进行模型正演和实际资料分析，另外在理论上要考虑目的层的埋深、动校拉伸和速度分析精度的要求以及反射系数的稳定性。具体要求如下：

1）满足最深目的层深度要求

一般情况下，最大炮检距等于 1.0~1.5 倍最深目的层深度。

2）满足动校拉伸要求

资料处理时，动校正使波形发生畸变，尤其在大偏移距处，因此设计最大炮检距时要考虑浅层、中层有效波动校拉伸情况，要使有效波畸变限制在一定的范围内，其公式为[2]

$$X_{x_{\max}} \leqslant \sqrt{2t_0^2 V_{\mathrm{RMS}}^2 D} \tag{2.8}$$

式中，t_0 为反射时间；V_{RMS} 为均方根速度；D 为动校拉伸参数（一般为 12.5%）。

3）满足速度分析精度的要求

在处理时求取较为准确的叠加速度，要求必须有足够的最大炮检距，速度分析精度与最大炮检距的关系式为[2]

$$X_{x_{\max}} \geqslant \dfrac{t_0}{\sqrt{\dfrac{2}{F_{\mathrm{p}}\left[\dfrac{1}{V_{\mathrm{RMS}}^2(1-P)^2} - \dfrac{1}{V_{\mathrm{RMS}}^2}\right]}}} \tag{2.9}$$

式中，F_{p} 为反射波主频；t_0 为反射时间；V_{RMS} 为均方根速度；P 为速度分析精度（一般为 5%）。

4）满足考虑反射系数稳定的要求

反射系数随最大炮检距的变化而变化，在设计采集排列长度时，需要考虑最佳接收的范围。采集的目的不同，接收的范围也是不一样的，在纵波勘探时，根据当反射界面入射角小于临界角时反射系数比较稳定来确定最大炮检距。

5）满足地质模型正演分析的要求

在开展最大炮检距设计时，需要建立目标区的二维或三维地质模型，通过正演不同位置的单炮记录来确定最大炮检距的范围（图 2.6）。

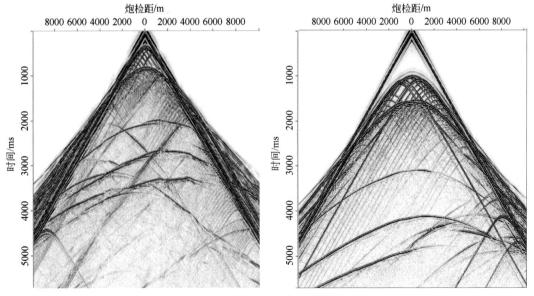

图 2.6　深州项目不同位置正演的单炮记录

在开展城市三维最大炮检距设计时，除综合考虑满足以上五个方面的要求外，还要考虑城市的外界干扰、激发接收条件等诸多因素。一般情况下，最大炮检距不宜太大，以得好主要目的层资料的最大炮检距为宜，这样可以兼顾深层，又抓住了主要矛盾。因为最大炮检距太大，不仅降低资料的频率，而且远道信噪比也降低。

4. 方位角

方位角一般用排列片的横纵比来表示。横纵比的计算表达式为[2]

$$\gamma = \frac{Y_{\max}}{X_{\max}} \tag{2.10}$$

式中，γ 为横纵比；$Y_{\max}$ 为横向最大炮检距；$X_{\max}$ 为纵向最大炮检距。

通常宽、窄方位观测系统的定义是：当横纵比小于 0.5 时为窄方位；当横纵比为 0.5 ~ 1.0 时为宽方位；当横纵比为 1.0 时为全方位。城市三维地震采集，需要采用宽方位的观测系统，其具有以下几个方面的优势：

（1）宽方位采集随横向覆盖次数的增加，采集脚印减弱，同时，宽方位比窄方位更容易跨越地表障碍物和消除地下阴影带的影响；

（2）宽方位观测系统有利于速度分析、静校正求解和多次波衰减；

（3）宽方位采集数据的空间分辨率和空间连续性优于窄方位数据；

（4）宽方位采集数据通过 OVT 域处理，实现从三维解释到五维解释的跨越，开展各向异性特征分析或非均质性储层预测工作。

5. 接收线距

在确定面元尺度后，设计合适的接收线距和炮线距可改善偏移波场均匀性。采用合适的接收线距，有利于精确的速度分析、AVO 分析及 DMO 分析。接收线距一般不大于垂直入射时最深目的层处的第一菲涅尔带半径 ［式 (2.11)，式 (2.12)][2]：

$$R = \left[\frac{V_{\mathrm{RMS}}^2 t_0}{4F_{\mathrm{p}}} + \left(\frac{V_{\mathrm{RMS}}}{4F_{\mathrm{p}}}\right)^2\right]^{\frac{1}{2}} \tag{2.11}$$

$$R' = R \times \cos\theta \quad （倾斜地层） \tag{2.12}$$

式中，F_{p} 为目的层主频；V_{RMS} 为均方根速度；t_0 为双程反射时间；θ 为横向地层倾角。

对于城市三维地震采集来说，除了按照以上公式计算出各主要目的层对应接收线距以外，还应考虑地表地物情况，尽可能缩小接收线距。一方面，通过缩小接收线距实现高密度采集，压制背景噪声（图2.7）。另一方面，通过缩小接收线距尽量实现均匀采样。均匀采样的理念是为了确保叠前偏移波场均匀。虽然在资料处理中有各种方法弥补不均匀性，但是数据采样过于稀疏，再好的方法也很难重建原始波场，因此通过设计合理观测系统设计，提高偏移波场均匀性才是最根本的方法。

2.2.2 基于卫星遥感数据的观测系统设计

1. 卫星遥感数据在城市观测系统设计中的作用

以往在开展城市三维观测系统方案设计时，都是利用国家地形图，结合实地踏勘结

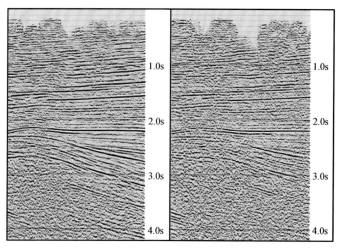

图 2.7　不同接收线距的叠加剖面

果，开展炮检点的布设工作。以下两个方面的因素，导致设计的城市三维观测系统方案不尽如人意。其一是以往使用的国家地形图均为 20 世纪七八十年代所测，远远落后于城市的实际变化，不能真实、实时反映当前城市复杂的地表地形地貌；其二是在复杂城市中踏勘时，很多地方人力无法到达，只能以点代面、大概反映地表情况。这些因素不仅影响到了城市三维观测系统方案设计的效率，而且直接影响到了城市三维观测系统方案的精度。

随着卫星遥感技术的高速发展，遥感数据的分辨率越来越高，并可以从地面操控遥感卫星拍摄最新的影像图，能够在施工前几个月甚至几个星期获得[6]。这些特点不断促进以卫星遥感图取代传统地形图的进程。在开展城市三维观测系统方案设计前，购买目标城市的遥感影像资料，经过技术处理，将卫星遥感图像与现有绘图技术结合起来，形成具有影像内容、地理信息和坐标信息的影像地图（图 2.8），为炮检点的布设提供准确、详细、全面的地表地形资料，使城市三维观测系统设计更加科学、合理。

图 2.8　廊坊城区和平路、东安路与新源道交叉口附近的卫星遥感图像（2017 年 8 月拍摄）

2. 基于多域互补的观测系统设计

由于城市范围大，面积一般为 20 ~ 100km²，常规观测系统实施一般存在以下几个问题：激发点位不足、观测系统属性较差、浅层资料缺失，影响深层资料成像。为了取得全城市中浅层资料，确保目的层资料的信噪比，需要利用高精度的卫星遥感数据，通过大排列与小排列互补、炸药震源与可控震源互补、小药量与大药量互补等方式形成特殊的观测系统。

1）大排列与小排列互补

在基础观测系统排列片（即大排列片）的基础上，通过减小接收线距，或借助卫星遥感数据在适当的位置增加小排列的方式（图2.9），加大接收点的密度，以弥补城市中炮点不足的问题，从而保证具有足够高的覆盖次数，改善地下空间照明效果，确保资料的信噪比。

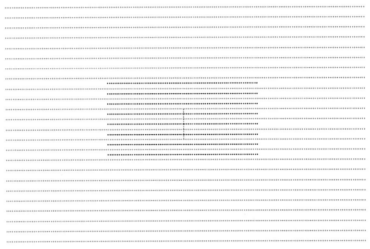

图 2.9　城市三维地震采集特殊观测系统模板示意图

红色为炮点；蓝色为大排列接收点；黑色为小排列接收点

2）炸药震源与可控震源互补

利用高精度的卫星遥感数据，在城市的公园、绿化带、空地等能实施钻孔作业的区域布设炸药震源激发点；在城市道路、广场、操场等硬化地表且震源车能通行的区域布设可控震源激发点。通过这样的互补方式，不仅有效解决了浅层地震资料缺失的问题，而且改善了深层资料的品质（图2.10）。

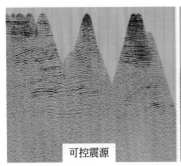
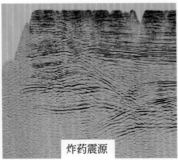
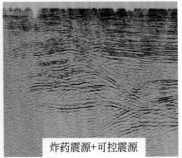

可控震源　　　　　炸药震源　　　　　炸药震源+可控震源

图 2.10　廊坊市区可控震源、炸药震源及其互补后的叠加剖面

3) 小药量与大药量互补

城市中的炸药震源点尽可能采用小药量激发，这样一是可以减少对激发点周边建筑物的破坏，确保安全生产；二是可以利用高分辨率的卫星遥感数据尽可能多地布设炸药震源点数，以提高激发点的密度，确保浅层资料的覆盖次数。城市外围的激发点，在安全距离允许的前提下，采用较大的药量激发，从而弥补城区由于采用小药量激发而导致的深层资料的能量不足、信噪比低等问题。

以廊坊城市三维项目为例，廊坊城区接收线距由城区外的 200m 加密到 100m，道密度达到 200 道/km²，是城外的 2 倍。在廊坊城区共布设炮点 8772 个，其中可控震源点 4514 个，炸药震源点 4258 个。这样廊坊城区的覆盖次数达到 900 次以上（图 2.11），覆盖密度达到 144 万次/km²，实现了高密度宽方位勘探。而且，廊坊城区外围采用较大的药量激发，有利于压制噪声，提高深层资料的信噪比。

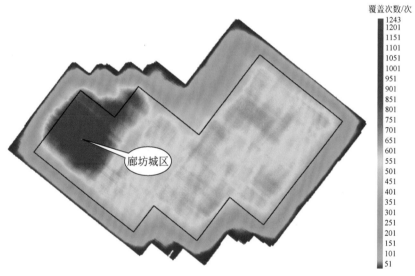

覆盖次数/次
1243
1201
1151
1101
1051
1001
951
901
851
801
751
701
651
601
551
501
451
401
351
301
251
201
151
101
51

廊坊城区

图 2.11　杨税务-泗村店三维地震勘探项目覆盖次数分布图

3. 城市内外观测系统的拼接设计

观测系统拼接原则：两种观测系统拼接时，应使拼接区域的面元属性基本保持一致。同时，方位角、覆盖次数等要保持连续性或均匀渐变性。

通常情况下，由于城市所处三维工区的位置不同，其观测系统的拼接，存在横向和纵向两个方向拼接情况。在横向观测系统拼接上，建议采用排列线重叠、炮点连续布设的方法；同时采用均匀渐变，逐步增加排列的设计理念。在纵向观测系统拼接上，建议采用排列线重叠，炮点连续对接的方法；同时采用炮点数不变，新增排列线的检波点数逐渐增加的设计理念。

以杨税务三维项目为例，廊坊城区的观测系统为 44 线×4 炮×200 道，城区外围的观测系统为 40 线×4 炮×240 道。因此在横向上观测系统拼接时，从 40 线转换到 44 线的观测系统需要经过 42 线的过渡，即横向覆盖次数从 20 次增加到 21 次，最后增加到 22 次，而且考虑到后期资料处理需求，覆盖次数渐减带要保证有足够的宽度，以避免覆盖次数发生跳跃式变化，确保地下 CDP 面元属性的均匀过渡。在纵向上观测系统拼接时，从 200 道转换到 240 道的观测系统需要经过 210 道、220 道、230 道的过渡，即纵向覆盖次数从 20 次增加到 21 次，然后再增加到 22 次、23 次，最后才增加到 24 次，以确保地下 CDP 面元属性的均匀过渡。

2.2.3　数据驱动的观测系统优化

1. 基于数据驱动的覆盖次数设计

以往在三维观测系统设计时，覆盖次数主要依据二维试验线覆盖次数分析结论或参考类似地区经验值，但对于城市三维地震，该方法前期试验投入巨大。因此，可依据数据驱动的覆盖次数计算公式［式（2.13）］，结合城市周边已有三维原始资料信噪比和拟采集三维叠加剖面期望达到的信噪比，来优化城市三维的覆盖次数。

$$n_{req} = \left[(s/n)_{req} / (s/n)_{raw} \right]^2 \tag{2.13}$$

式中，n_{req} 为覆盖次数；$(s/n)_{raw}$ 为原始炮集信噪比；$(s/n)_{req}$ 为叠加剖面期望信噪比[7,8]。

对于城市三维而言，一般情况下其周边都已实施了三维地震勘探，根据式（2.13）则可将以往三维的覆盖次数和单炮资料的信噪比表示如下[2,9,10]：

$$n_{old-3D} = \left[\frac{(s/n)_{old-3D}}{(s/n)_{raw}} \right]^2 \tag{2.14}$$

$$(s/n)_{raw} = \frac{(s/n)_{old-3D}}{\sqrt{n_{old-3D}}} \tag{2.15}$$

式中，n_{old-3D} 为以往三维的覆盖次数（次）；$(s/n)_{old-3D}$ 为以往三维单炮资料的信噪比。

将式（2.15）代入式（2.13）则可推出城市三维地震采集的覆盖次数为

$$n_{req} = \left[\frac{(s/n)_{old-3D}}{(s/n)_{new-3D}} \right]^2 \times n_{old-3D} \tag{2.16}$$

式中，$(s/n)_{new-3D}$ 为城市三维单炮信噪比。

上述公式主要适合于炸药震源激发时覆盖次数的设计。对于可控震源激发时，三维地震观测系统覆盖次数设计的公式为

$$N_{VIB-3D} = \left[\frac{(s/n)_{SHOT}}{(s/n)_{VIB}} \right]^2 \times \left[\frac{(s/n)_{VIB-3D}}{(s/n)_{SHOT-3D}} \right] \times N_{SHOT-3D} \tag{2.17}$$

式中，N_{VIB-3D} 为可控震源三维地震的覆盖次数；$N_{SHOT-3D}$ 为炸药震源三维地震的覆盖次数；$(s/n)_{VIB-3D}$ 为期望的可控震源三维数据体的信噪比；$(s/n)_{SHOT-3D}$ 为炸药震源三维剖面资料的信噪比；$(s/n)_{VIB}$ 为可控震源单炮资料的信噪比；$(s/n)_{SHOT}$ 为炸药震源单炮资料的信噪比。

对于廊坊城区，结合实际数据，利用式（2.16）计算的覆盖次数为 300 次；利用式（2.17）计算的覆盖次数为 900 次。考虑到可控震源单炮记录的能量及信噪比与炸药震源的差异性，两者混合激发时覆盖次数应为 600 ~ 800 次。

2. 基于实际贡献度的覆盖次数设计

从可控震源、炸药震源的单炮记录来看（图 2.12），可控震源的有效信息主要分布在

3000m 以内，而 3000m 以外基本被外界环境噪声所湮没；炸药震源单炮记录的能量强，信噪比高，在 6000m 左右的资料品质仍然较好。

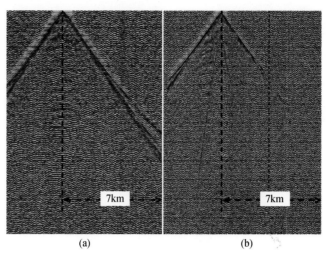

图 2.12　廊坊城区炸药震源（a）、可控震源（b）的单炮记录

另外，从廊坊城区不同震源类型叠加剖面的振幅切片来看（图 2.13），可控震源资料的浅中层能量强、信噪比高，但深层资料品质较差，尤其是 4s 以下基本看不到有效反射；炸药震源的资料品质较可控震源有大幅度提高；两者之和的地震资料品质又有较大的改善。

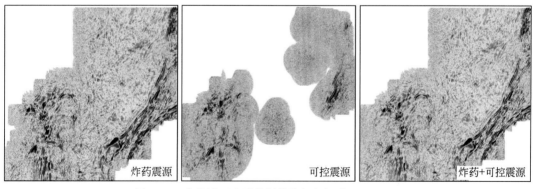

图 2.13　廊坊城区地震数据体的振幅切片（3000ms）

可见，可控震源与炸药震源激发能量的差异性，导致其有效排列长度及信噪比差异大，为了保证地震资料品质，有必要开展混源激发时地震资料的有效覆盖次数分析。如图 2.14，廊坊城区总体的覆盖次数在 900 次以上，大多数区域达到 1000 次以上。但从不同震源的贡献度分析结果来看，炸药震源贡献的覆盖次数在 300 次以上；可控震源贡献的有效覆盖次数在 350 次左右，两者之和的覆盖次数在 650 次左右。

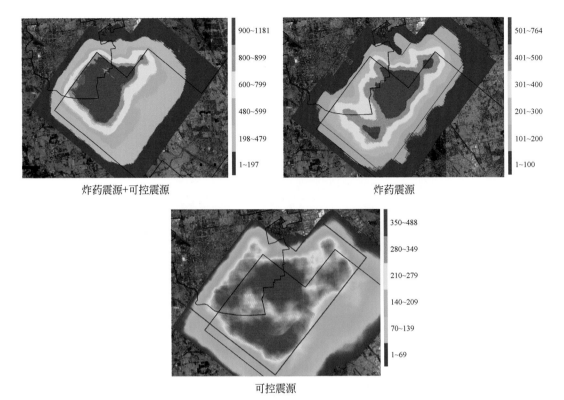

图 2.14　廊坊城区不同激发震源的覆盖次数分布图

3. 2.5T 地震勘探三维观测系统设计

为了适应复杂城市三维勘探地质目标的技术需求，充分利用以往的三维地震数据，实现全方位高密度地震勘探，提出了 2.5T 地震勘探技术思路：以全方位高密度均匀采样为核心，引入时间期次概念，将单一时间期次的高密度采集分解为多时间期次的常规密度采集，对多时间期次的常规密度采集资料进行融合处理，最终形成一套宽方位高密度的数据体。这样可充分再利用以往地震资料，同时也减小了野外施工的难度，节省了成本。在城市三维地震采集中，2.5T 地震勘探三维观测系统设计技术主要有两种。

1）基于采样点加密的观测系统设计技术

冀中拗陷以往大多数三维的接收点距为 40m，接收线距为 240m，在进行城市三维观测系统设计时，将接收线布设在以往三维接收线之间，且保持不同期次三维的 CMP 面元相重合，但地震波的射线路径不重复，使得多期次三维地震融合勘探观测系统的接收线距为 120m，实现了高密度勘探。另据均匀度的计算公式[2]：

$$S = \sqrt{\frac{1}{n-1} \sum_{i=1}^{n} (R_i - \bar{R})^2} \qquad (2.18)$$

$$\mu = \frac{S}{R_{\max}} \qquad (2.19)$$

式中，S 为标准差；R_i 为各控制点相对中心点的距离；$\bar{R}$ 为 R_i 的平均值；μ 为均匀因子；

R_{max} 为单位区域内控制点与中心点的最远距离。

据式（2.18）和式（2.19）计算接收线距分别为 240m 和 120m 的两种观测系统物理点的均匀因子依次为 0.31 和 0.19。均匀因子值越小，均匀性越好，即通过基于采样点加密的观测系统设计后，不仅实现高密度勘探，而且还实现了均匀采样。另外，加密采样点后地震剖面的成像效果得到明显改善（图 2.15）。

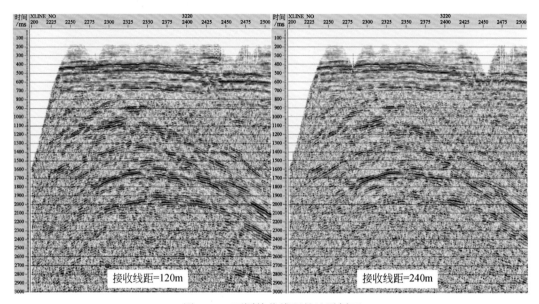

图 2.15　不同接收线距的地震剖面

2）基于方位角拼接的观测系统设计技术

在城市中开展地震采集，受地表条件、采集设备、成本投入、施工组织等客观条件的限制，真正实施宽方位三维采集的难度还很大。因此，再次提出方位角拼接的技术思路，即是在进行城市新三维的观测系统设计时，其观测方向与以往三维的观测方向具有一定夹角或相互垂直，通过将两次三维的数据进行融合得到宽（或全）方位的多期次三维地震融合勘探数据体。如图 2.16 所示，其以往三维的观测方向为 336°，新三维的观测方向为

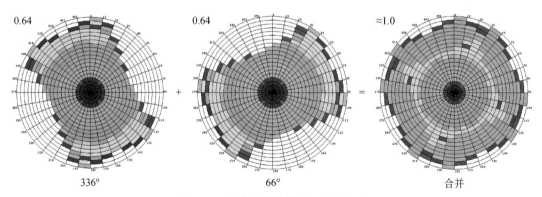

图 2.16　方位角拼接技术思路示意图

66°，尽管各自的横纵比均为0.64，但将二者进行融合处理，得到的多期次三维地震融合勘探的横纵比达到1.0，实现了全方位勘探，地震资料的潜山面、潜山内幕的资料品质得到大幅度提升，潜山顶面和内幕反射清晰（图2.17）。

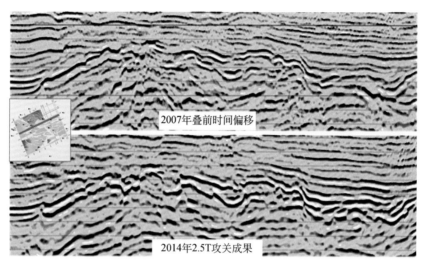

图2.17　Z42潜山带以往三维与2.5T地震勘探剖面

4. 基于五维插值处理的观测系统设计

由于城市地上及近地表条件的复杂性，大多数物理点难以规则布设，因此地震勘探中所采集到的数据并不能满足空间规则性采样的要求，进而导致空间假频、采集脚印以及偏移画弧等现象。五维插值技术基于空间真实坐标，充分利用数据的五个维度信息，在炮检域加密炮线、炮点、检波线和检波点，从而增加炮道密度，改善面元属性，解决由野外采集因素导致的采集脚印问题，可有效地压制噪声、抑制空间假频。

为了验证五维插值处理技术对地震资料的恢复能力，资料处理时人为将方圆1500m范围内的炮点去掉，从插值前、后与去炮前的剖面对比来看（图2.18），经过五维插值处理后，对地震资料能恢复0.3s左右，由深至浅0.2s范围内反射信息与原始资料的相似性很高，但大于0.2s后，相似性逐渐减小。可见，五维插值处理对地震资料的有效恢复能力为0.2s。

地震剖面浅层覆盖次数缺失或出现浅层缺口通常是空炮或空道造成的，其缺口深度主要由动校拉伸畸变值来确定，因此缺口深度时间可由下式计算：

$$T_0 = \frac{NS}{V_r\sqrt{2D}} \tag{2.20}$$

式中，T_0为剖面缺口时间（s）；N为系数（仅空炮或空道时为1，既空炮又空道时为2）；S为空炮或空道距离（m）；V_r为均方根速度（m/s）；D为动校拉伸畸变允许值。

以廊坊市区为例，地质需求对地震剖面的缺口要求小于0.7s，根据式（2.20），可计算出空炮或空道的距离为875m。但考虑到后续的五维插值处理对地震资料的有效恢复能力为0.2s，即地震剖面缺口小于0.9s即可，因此，在开展观测系统设计或炮检点布设时，空炮或空道的距离要小于1125m。

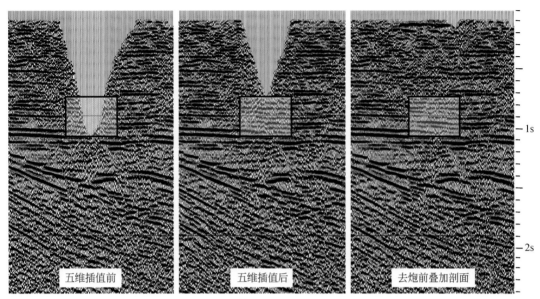

图 2.18　五维插值处理后及去炮前的叠加剖面

2.2.4　基于压缩感知的观测系统设计

1. 压缩感知理论概述

压缩感知（Compressive Sensing），又称压缩采样（Compressed Sampling），压缩传感（Compressed Sensing），简称 CS，是近几年流行起来的一个介于数学和信息科学的新方向，由 Donoho、Candes、Terres Tao 等提出，挑战传统的采样编码技术，即奈奎斯特（Nyquist）采样定理。压缩感知作为一个新的采样理论，通过开发信号的稀疏特性，采用非自适应线性投影来保持信号的原始结构，以远低于奈奎斯特频率对信号进行采样，通过数值最优化算法准确重构出原始信号[1]。

压缩感知的理论主要涉及三个方面，即信号的稀疏表示、测量矩阵的设计及重构算法的构造。稀疏信号广义上可理解为信号中只有少数元素是非零的，或者信号在某一变换域内少数元素是非零的。那么我们如果只保留这些非零数据，丢弃其他的系数，则可以减少储存该信号需要的空间，达到压缩的目的，同时，这些系数可以重构原始信号，不过一般而言得到的是 X 的一个逼近。在实际生活中有很多数字信号都是稀疏信号或者在某一变换域内是稀疏的，这样压缩感知理论的第一方面就可以得到满足。如果信号 $x \in R^N$ 在某变换域内是稀疏的，可以用一组正交基 $\Psi = [\psi_1, \psi_2, \cdots, \psi_N]$ 线性组合表示：$x = \sum_{i=1}^{N} S_i \psi_i = \psi_S$，其中 S_i 是对应于正交基的投影系数。由稀疏性可知其内只含有少数不为零的数，感知信号 y 可表示为：$y = \Phi x = \Phi \psi_S = \Theta S$，$\Phi$ 为测量矩阵，ψ 为稀疏表示矩阵，当测量矩阵与稀疏矩阵不相关时就可以从 S 中不失真地恢复出原始信号 x，常用的测量矩阵有高斯随机阵等。接下来就是算法的重构，由于用少数信号恢复原来的大信号，因此这是一个欠定问题，一般用最优化方法来求解。

　　2. 压缩感知在观测系统设计中的应用

　　常规的地震数据采集都是基于信号处理理论中的 Nyquist 采样定理，即采样频率至少应为信号频带宽度的两倍。即地震采集的观测系统要根据 Nyquist 采样定理确定空间测网的采样间隔（线距、点距）。这种方法虽然在地震勘探中取得了巨大的成功，但由于没有考虑地震数据的空间变化特征，即地震数据的空间稀疏性或可压缩性，因此采集得到的地球物理数据冗余度高，数据采集成本高。

　　由于地震数据拥有稀疏与可压缩的属性，因此对于城市三维观测系统设计来说，可以利用压缩感知理论的随机采样将炮点或者是检波点在空间上进行随机分布。由于单纯的随机采样是完全随机的，常常会造成采样点过于聚集或者过于分散的情况，有可能对某些部分采样过多造成信息冗余和浪费，或者对某些重要信息部分却采样过少，难以达到理想的重建效果（图 2.19）。因此，在布设城市的物理点（尤其是激发点）时，要根据地表地形条件，尽可能随机布设所有能够使用的激发点，尽量避免激发点"扎堆"的现象，以满足压缩感知稀疏采样的要求，从而实现缺失数据的有效重构（图 2.20）。

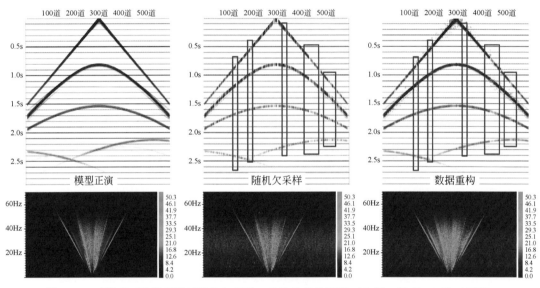

图 2.19　对模型正演数据进行随机欠采样、重构的单炮记录（上图）及其 FK 谱（下图）

2.2.5　基于人工智能的观测系统设计

1. 人工智能机器学习方法

　　人工智能（Artificial Intelligence，AI）是研究、开发用于模拟、延伸和扩展人的智能的理论、方法、技术及应用系统的一门新的技术科学。作为人工智能的核心，机器学习（Machine Learning，ML）主要研究计算机怎样模拟或实现人类的学习行为，从海量数据中寻找知识规律并建立学习模式。对于人工智能机器学习和石油地球物理勘探，两者具有共

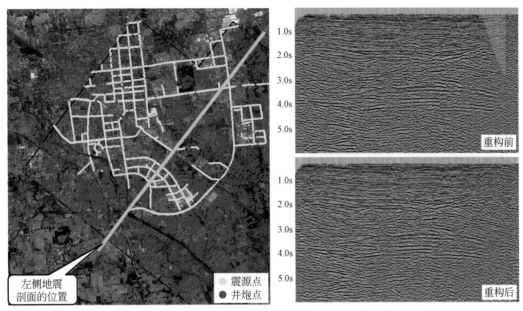

图 2.20　廊坊市区激发点分布图及数据重构前后的地震剖面

同点：数据驱动是它们的方法途径，追寻模式是它们的终极目的。随着人工智能技术与计算机硬件的快速发展，人工智能已渗透到石油勘探开发的各个环节，对石油地球物理勘探产生了重要的影响[12]。

按照学习形式的不同，可以将人工智能机器学习分为三类：监督学习（Supervised Learning）、无监督学习（Unsupervised Learning）和半监督学习（Semi – Supervised Learning）[12]。监督学习通过已有的一部分输入数据与输出数据（标签）之间的对应关系，生成一个函数，将输入映射到合适的输出，如分类和回归；无监督学习直接对输入数据集进行建模，如聚类；而半监督学习则是综合利用有标签的数据和没有标签的数据，来生成合适的函数。常用的十大机器学习方法包括决策树、随机森林、逻辑回归、支持向量机、K 最近邻、K 均值、Adaboost、贝叶斯、神经网络和深度学习，每种方法都有其适用条件和优缺点，因此要根据实际问题来选择合适的方法。

2. 机器学习在观测系统设计中的应用

随着石油地球物理勘探技术的发展，支持向量机、贝叶斯、神经网络和深度学习四个监督型机器学习方法在地震勘探中得到了广泛的应用，主要用于获取地震数据之间存在复杂的非线性映射关系。在城市开展三维地震采集时，受地表、地下障碍物安全距离的限制，炮检点分布不均匀，导致观测系统属性不均一。另外，炸药震源的不同药量（一般为 0.5~6kg）之间原始单炮资料的能量差异巨大，导致道集间的能量不均衡，在资料处理时产生偏移噪声，进而影响后期的地震属性分析研究。

为了解决以上问题，在城市三维观测系统设计时，首先采用监督型机器学习方法，对目标区内不同位置、不同药量的原始单炮数据进行学习，构建出反射波能量与激发药量的关系函数（图 2.21）和反射波能量与炮检距的关系函数[10]（图 2.22）。

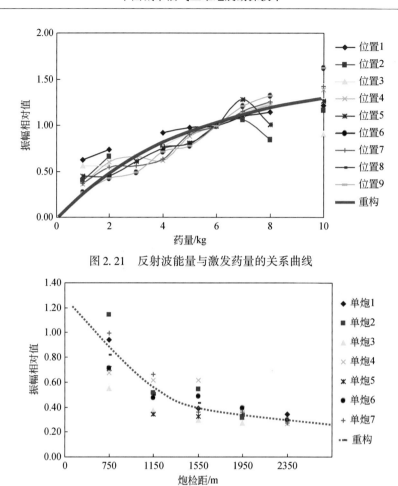

图 2.21　反射波能量与激发药量的关系曲线

图 2.22　反射波能量随炮检距变化的关系曲线

其次，结合模拟放炮获取的 CMP 处模拟覆盖次数，计算所述 CMP 处的有效加权覆盖次数（图 2.23）。

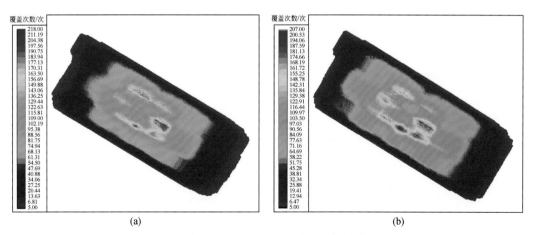

图 2.23　炮检距（a）、药量（b）加权覆盖次数分布图

最后，通过对炮点位置和激发药量的调整，优化所述 CMP 处的有效加权覆盖次数，从而可以更合理地开展城市三维的观测系统设计，减少野外布设不合理的炮点，确保三维数据体的能量相对均衡，提高数据体的资料品质。

2.3　城市地震采集激发参数设计

城市中建筑物密集，激发源的选取要慎重，避免激发时引起建筑物、道路破损。生产前，首先要根据城市地表、地下建筑物或市政设施的实际情况，结合勘探目标的地质需求，选取合适的激发方式；然后要进行系统的激发参数试验，为激发参数设计提供基础资料。

2.3.1　激发方式选取基本原则

对于城市这种特殊地表环境下的地震采集，需要解决激发震源选取、激发点合理布设、激发参数优选、安全施工距离等问题。城区障碍物密集，对安全激发要求较高，为了保证城区资料的完整性以及施工安全，一般采用可控震源、炸药震源混源激发（图 2.24）。在道路、空地一般采用可控震源激发，在花坛、树林、地表条件复杂的空地等可控震源无法到位区域一般采用炸药震源激发。施工前，技术人员可以在高精度卫片上沿着城区大小街道、空地布设激发点位置；之后，根据现场地表障碍物、地下桥涵管线勘测情况，对于不合理的测点进行剔除、修正、偏移，并根据修改后的点位重新进行设计，确保激发点布设合理。最后绘制成图，详细标出激发点位置、震源类型、主要激发参数和地下管线位置等，以指导野外施工。

图 2.24　辛集城区混源激发示意图

采用井震联合激发技术，可以满足城区激发点位的布设和连续采样的要求。井炮适合在城区的空地中施工、可控震源适合在道路上施工。采用井震联合激发的方式可解决城区激发点位不足的问题。由于可控震源激发的能量较弱，深层原始资料信噪比低，但能得到浅层有效波反射信息；井炮激发可以得到中深层有效的反射信息。因此，通过城区井震联合激发，既可以取全浅层资料，又可以确保深层资料的信噪比（图2.25）。

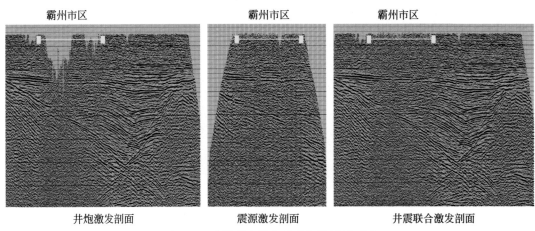

霸州市区	霸州市区	霸州市区
井炮激发剖面	震源激发剖面	井震联合激发剖面

图2.25　井震联合激发的采集效果剖面图

2.3.2　炸药震源激发参数设计

1. 参数设计原则

在地震勘探中，一般认为激发药量 Q 与激发能量 N 成正比。因此，城市油气地震勘探的炸药震源参数设计时，为避免对周边建筑物造成破坏，需要采用灵活的激发参数，因此，要针对较大激发井深、较小药量及组合井进行试验，尽可能保证地震资料品质。炸药震源激发参数的设计需要关注以下几点：

（1）激发深度要尽量选择在高速层中激发，确保激发地震波频带和足够的能量；

（2）激发深度选择时注意避开虚反射界面的影响，降低面波、声波等干扰，使目的层有一定的信噪比；

（3）根据表层调查结果，设计激发深度，采用深井小药量激发可降低炸药激发对周边建筑物的破坏；

（4）难以采用深井激发时，采用组合井激发，将药量平均分配到多井，降低因激发井浅对周边建筑物的破坏。

2. 激发深度的选择

蠡县城区炸药震源激发参数试验表明：在高速顶下 3~9m 激发的能量足、信噪比高、子波形态好、低频段信息丰富（图2.26）；综合激发点周边的安全因素考虑，选择较深的激发深度可减少对建筑物的损害。

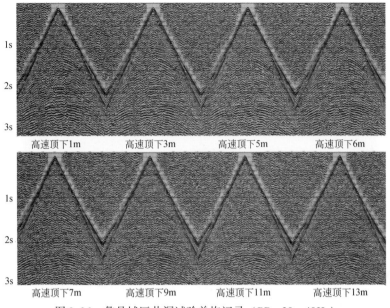

图 2.26　蠡县城区井深试验单炮记录（BP：20~40Hz）

3. 激发药量的选择

从蠡县药量试验的单炮记录看（图 2.27），随着药量增加信噪比得到提高，小药量（0.5~2kg）单炮记录上能获得有效反射信息，综合周边建筑物安全考虑，城市施工选择的激发药量不宜过大，能够获取目的层有效反射信息即可，通过高覆盖提高资料信噪比。

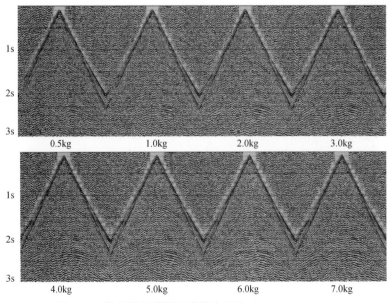

图 2.27　蠡县城区药量试验单炮记录（BP：20~40Hz）

4. 组合井参数的选择

在城市地震采集过程中，若近地表存有砾石难以采用深井激发时，可采用等灵敏度组合井激发，以降低因激发井浅对周边建筑物的破坏。

采用组合井激发时，组合井距应大于爆炸半径的 2 倍（图 2.28），爆炸半径经验公式如下：

$$r_p = K_p \times \sqrt[3]{Q} \qquad\qquad (2.21)$$

$$\Delta x > 2r_p \qquad\qquad (2.22)$$

式中，r_p 为爆炸半径（m）；K_p 为介质材料的破坏系数，一般取值为 1.5 ~ 2.1；Q 为药量（kg）；Δx 为井间距（m）。

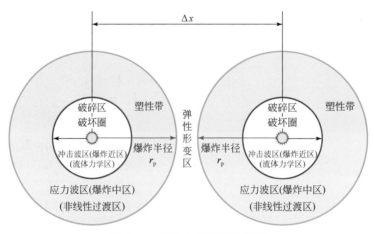

图 2.28　组合井井间距示意图

从蠡县城区组合井试验的单炮记录看（图 2.29），组合井激发能够获得目的层的有效反射信息，采用 2 口 0.5kg、2 口 1kg 激发能保证资料品质，可降低对周边建筑物的破坏。

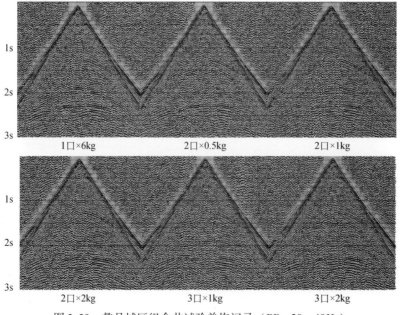

图 2.29　蠡县城区组合井试验单炮记录（BP：20 ~ 40Hz）

2.3.3　可控震源激发参数设计

可控震源勘探原理是通过电子控制箱体，将设计的一个扫描信号通过驱动平板产生连续震动信号，将能量可控地传送给大地，然后通过参考扫描与反射扫描互相关等运算方法，最终获得与炸药震源记录相当的地震资料。[1]它具有环保、施工效率高、成本低、激发频率和振幅可以控制等优点，适合于可通行的城区地震勘探工作。

1. 可控震源信号特征

一些用于地震勘探的非炸药地面震源，如落重震源、电火花震源和陆地气枪等震源，与炸药震源所产生的地震信号一样，都是作用时间很短，信号振幅能量高度集中的脉冲信号，它们都属于脉冲震源。而可控震源所产生的信号则是作用时间较长，且为均衡振幅的连续扫描振动信号。因此可控震源和炸药等脉冲震源在地震勘探中，有如下几点重要的区别：

（1）由可控震源所产生的地震信号是延续时间较长的连续振动信号，这个信号函数为已知，它的频率成分可以按需要加以改变，但其信号是频率成分有限、能量有限的调频信号。炸药震源所产生的地震信号为持续时间很短的脉冲信号，其信号函数不可预知，信号频谱较宽，且一次激发能量相对较强但信号频率成分难以人为控制。[13]

（2）利用可控震源施工所得到的地震原始记录不能够直接辨认各反射层，需要经过与已知的参考信号进行相关处理运算，方可得到用于解释的相关记录，而使用炸药震源得到的地震记录则可直接用于解释。但由于相关处理方法本身具有滤波作用，因此可控震源相关记录的信噪比较高。

（3）由于可控震源相关记录是由经相关处理后的一系列相关子波所组成，所以相关子波并不是地震信号采集质点上真实运动波形，而是可控震源原始记录与参考信号相关程度曲线，是数学运算的结果，但这种相关记录和用炸药震源所得到的地震记录一样，它包含了必要的地震勘探信息，如地震波旅行时间、反射波信号能量强度和反射波极性等有用信息。而利用诸如炸药震源等脉冲震源所得到的地震记录则是由一系列反射子波组成，这些反射波形则反映了反射点处真实的振动波形。

（4）对地震信号波形对比而言，在可控震源相关记录中的各个反射相关子波的最大波峰出现时刻对应于脉冲震源反射子波的到达时刻，即在震源相关记录上所表示的一个波达到的时间在相关子波最大值所对应时刻，而不是相关子波的"初至"（如果我们认为相关子波也有"初至"的话）。

2. 可控震源施工优点

同炸药震源相比，利用可控震源进行地震勘探施工其主要优点表现在以下几个方面。

（1）可控震源所产生的地震信号特性已知，信号频谱和信号幅度在一定范围内可控，从地震信号激发角度来看，改善地震资料品质潜力较大。而炸药震源所产生的地震信号未知且信号频谱难以控制，对改善地震资料品质不利。

（2）由于使用可控震源进行地震勘探时，必须对震源原始资料进行相关处理，而相关处理对信号具有较强的滤波作用，因此可控震源相关记录能够压制一些环境噪声影响，震源相关记录具有较高的信噪比。而使用炸药震源时，地震资料则对环境噪声很敏感，容易在地震记录中引入环境噪声干扰。

（3）目前在地震勘探领域中所广泛使用的可控震源峰值出力 6000～9000lb[①]，并且其输出能量大小可调。在扫描振动时，可控震源的绝大部分能量都将用于产生传入大地的地震弹性波，对环境的破坏和影响远小于炸药震源，可在城市中的居民区及其他一些禁炮区使用。而炸药震源在爆炸时所产生的巨大能量中，由于相当一部分能量消耗于破碎围岩，所以只有很少一部分能量用于产生地震波。另外，使用炸药震源还有对环境保护不利且受到使用区域限制的缺点。

（4）在干旱缺水和钻井困难地区，有利于使用可控震源进行地震勘探，且施工效率高，成本较低。

3. 可控震源扫描信号

在地震勘探时，利用可控震源向地下发射一个持续时间较长、频率随时间不断变化的正弦信号，我们称之为扫描。为了满足我们设计的扫描信号，要求可控震源的机械-液压系统对扫描信号能够响应并物理可实现。即在扫描信号频率宽度范围内，最低频率、最高频率不能超出振动器所能激发信号频率的界限，并且震源所激发信号的频带应在大地可以传输信号通频带内。这种信号相关后为具有良好分辨率的零相位子波。我们称这样的长扫描信号为扫描信号，也称扫频信号。其中应用较为广泛的就是线性扫描信号，这种信号具有相对稳定的振幅，信号频率随时间变化呈线性变化，它的数学表达式为[13]

$$S\ (t)\ =A\ (t)\ \sin\left[2\pi\left(F_1+\frac{kt}{2}\right)t\right]\quad 0\leqslant t\leqslant T_D \tag{2.23}$$

$$K=\frac{f_2-f_1}{T_D} \tag{2.24}$$

$$A\ (t)\ =\begin{cases}\left[1+\cos\pi\left(\dfrac{t}{T_1}+1\right)\right]/2 & 0\leqslant t\leqslant T_D \\ 1 & T_1\leqslant t\leqslant T_D-T_1 \\ \left[1+\cos\pi\left(\dfrac{T_D-T}{T_1}+1\right)\right]/2 & T_D-T_1\leqslant t\leqslant T_D\end{cases} \tag{2.25}$$

式中，$A\ (t)$ 为扫描信号 $s\ (t)$ 的振幅包络函数，扫描信号在开始和结束时，信号幅度有一逐渐变化的部分称为过渡带或斜坡，T_1 称为斜坡长度。F_1 为扫描信号的起始扫描频率，F_2 为扫描信号的终了扫描频率，k 称为扫描信号频率变化率，简称为扫描速率，它表示单位时间内扫描信号频率的变化，T_D 为扫描信号振动持续时间，称为扫描长度，式（2.23）中若 $k>0$，则代表扫描瞬时频率随时间的增长而升高，这种扫描称为升频扫描，若 $k<0$，则代表扫描瞬时频率随时间的增加而降低，称为降频扫描（图 2.30）。

有关线性扫描信号物理量的几个定义（图 2.31）：

---

① 1lb＝0.453592kg

（1）扫描信号起始频率 F_1，扫描信号终了频率 F_2：

F_2 为扫描信号结束瞬间，即 $t = T_D$ 时扫描信号的瞬时频率，可表示为

$$F_2 = F_1 + kT_D \tag{2.26}$$

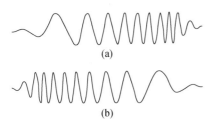

图 2.30　线性升频和降频扫描信号
（a）升频扫描信号；（b）降频扫描信号

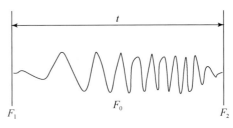

图 2.31　扫描信号的几个物理量

（2）扫描信号平均频率 F_0：

它为 $t = T_D/2$ 时扫描信号瞬时频率，也称为扫描中心频率，可表示为

$$F_0 = (F_1 + F_2)/2 \tag{2.27}$$

（3）扫描信号最低频率 F_L 和最高频率 F_H：

对于升频扫描：$F_L = F_1$，$F_H = F_2$；对于降频扫描：$F_L = F_2$，$F_H = F_1$。

（4）绝对频带宽度 ΔF：

绝对频带宽度定义为扫描信号最高频率 F_H 与最低频率 F_L 的差，表示为

$$\Delta F = F_H - F_L \tag{2.28}$$

（5）相对频带宽度 R：

相对频带宽度定义为扫描信号最高频率 F_H 与最低频率 F_L 之比，即

$$R = F_H/F_L \tag{2.29}$$

在实际应用中，通常用扫描信号最高频率 F_H 与最低频率 F_L 之比的倍频程 R_{OCT} 表示相对频带宽度，因此有

$$R_{OCT} = \log_2 (F_H/F_L) \tag{2.30}$$

或可表示为

$$R_{OCT} = [\lg (F_H/F_L)]/\lg 2 \tag{2.31}$$

（6）扫描信号瞬时频率 $f(t)$：

扫描信号瞬时频率定义为在扫描期间，任意瞬时信号的频率，它可表示为

$$f(t) = F_1 + kt \quad 0 \leqslant t \leqslant T_D \tag{2.32}$$

式中，若 k 取正号时为升频扫描，k 取负号则为降频扫描。

线性扫描信号在地震勘探中得到广泛应用是由于线性扫描信号的自相关子波形状接近于雷克子波，此外，在实际应用中，线性扫描信号的参数设计和调整比较简单方便，可控震源机械-液压系统易于响应实现。

4. 可控震源激发参数的选择

可控震源地震勘探野外施工过程中，不同的地质条件需要设置不同的激发参数，主要包括震源台数、振动次数、扫描频率、驱动幅度、扫描长度等参数。这些参数的设计可通

过制作合成记录在室内进行验证，但最终还需通过实验最终确定合理的激发参数。

1）震动台数

可控震源是一种低功率信号源，在激发过程中，使用多台震源可以加强向地下发射扫描信号的能量，增强对地表干扰波压制效果，根据勘探区主要干扰波的特点，利用震源组合的统计效应选择震源的激发台数和组合方式。

从震源不同台数试验的单炮记录可以看出（图 2.32），2 台以上震源激发所得到的单炮记录在目的层位置反射波的同向轴比较明显，说明 2 台以上激发能量比 1 台激发的要强，可见震源组合后发挥了能量的垂直叠加效应。因此，一般情况下，选择 2 台以上震源同时激发，以提高地震记录的能量和信噪比。在城市狭窄区域 2 台震源无法施工时，可采用 1 台可控震源激发以保证采样密度。

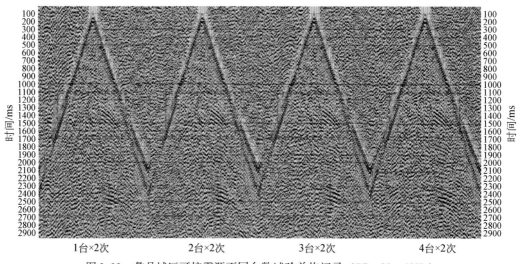

图 2.32　蠡县城区可控震源不同台数试验单炮记录（BP：20～40Hz）

2）振动次数

从统计效应来分析，振动次数相当于垂直叠加次数，n 次震动对随机干扰的压制能力提高 $\sqrt{n}$ 倍，即有效波的振幅相对于随机噪声来说补偿了 $\sqrt{n}$ 倍；从能量角度分析，n 次振动相对于随机噪声来说对有效波的补偿量为[14]

$$W = 20\lg n \qquad\qquad (2.33)$$

式中，n 为振动次数。

从不同振动次数的试验结果可以看出，在单炮记录上（图 2.33），随着振动次数的增加，资料的信噪比稍有提高，这与理论上压制随机干扰相符合。但在城市地震采集时，应尽可能减少振动次数，以减少工农矛盾压力，确保采集施工的顺利进行。

3）扫描频率

扫描频率选择的主要目的是获得一个理想的地震子波，主要考虑扫描最低频率、扫描最高频率、扫描长度、斜坡等参数的设置，这些参数直接影响着地震信号的分辨率与信噪比。

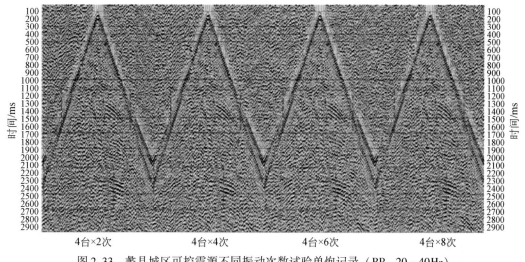

图 2.33　蠡县城区可控震源不同振动次数试验单炮记录（BP：20~40Hz）

低频扫描信号 F_L 的设计还要考虑到震源的机械结构。随着低频可控震源的问世，可控震源已可以激发 1.5Hz 的地震信号。低频信号具有"穿透能力强，有利于提高中深层资料的能量和信噪比；有利于拓展倍频程、减少旁瓣、改善纵向分辨率；降低反演对井资料的依赖度，提高地震反演的精度"等优势。但是可控震源的起始频率过低，对周边的建筑物有一定影响。因此，应根据可控震源的低频性能及周边建筑物的抗震能力，选择尽可能低的起始频率激发。一般情况下，城市内起始频率应较城市外围略高。

可控震源高频扫描信号 F_H 的选择同样受到多方面的制约，如机械与液压系统的功能与响应、大地的响应、能量输出的约束等。此外还有一个容易忽视的问题，就是数据采集系统采样率对高频信号的约束。一般数据采集系统受采样率的限制，如 62.5Hz/4ms、125Hz/2ms、250Hz/1ms、500Hz/0.5ms。所以，在选择高频激发时，应选择与之相应的地震仪器采样率，以防假频的产生。

确定扫描高、低频率以后，斜坡长度的选择往往被忽视，单边斜坡长度一般选择总扫描长度的 5%，两边可相同或不同，做到 1/2 斜坡长度处的频率达到设计起始/终止频率的 50% 左右，因此，在设计起/止频率的大小时应作相应地降低/提高频带宽度，以保证尽量减小吉布斯效应的同时，也满足设计频宽的要求。由于不同地区深层地震地质条件不同，对地震信号的高频响应程度也不同，所以，要通过试验确定可控震源的终了频率。

从不同扫描频率试验单炮记录看（图 2.34），随着起始和终了频率的提高，单炮记录的能量及信噪比逐渐减弱。因此，在城市开展地震采集时，当可控震源激发点与建筑物的距离大于 15m 时应采用 3~72Hz 或 6~72Hz 的扫描频率；当可控震源激发点与建筑物距离小于 15m 时选择 8~72Hz 或 10~72Hz 的扫描频率来降低对建筑物的损害。

4）驱动幅度

驱动电平描述的是可控震源激发地震波强弱的一个参数，当扫描频率达到终了频率时，表头上看到的驱动电平的百分比值就是驱动幅度。可控震源的液缸所产生的作用是由电控箱体决定的，以保证按激发设计要求不畸变地振动，获得准确的信号，使其具有满意

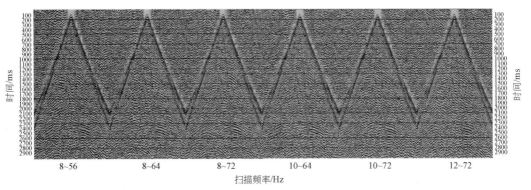

图 2.34　蠡县城区不同扫描频率试验单炮记录（BP：20 ~ 40Hz）

的功率谱。

　　野外生产中，当震点地表为松软的土层时，由于可控震源与地表耦合较好，一般选择较大一点的驱动幅度，有利于改善记录品质；当地表为坚硬的基岩时，震源底板和大地耦合条件差，驱动幅度不宜过大，适当降低驱动幅度也可削弱分频效应产生的"多初至"现象，在生产中驱动幅度的大小，视勘探区反射目的层的深度和反射系数大小而定，目的层浅、反射系数大，则驱动幅度小些，反之则大些，一般设计在80%以内为宜，过大则激发信号波形失真。一般情况下，为降低对周边建筑物的损害，需要通过试验确定驱动幅度，城镇内驱动幅度应较城镇外围略低。

　　从不同驱动幅度试验单炮记录看（图 2.35），随着驱动幅度的增加，目的层能量逐渐增加，65%驱动幅度、70%驱动幅度能量、信噪比差别不大，因此，在城市开展地震采集时，应根据激发点与建筑物的距离大小采用55% ~ 65%的驱动幅度。

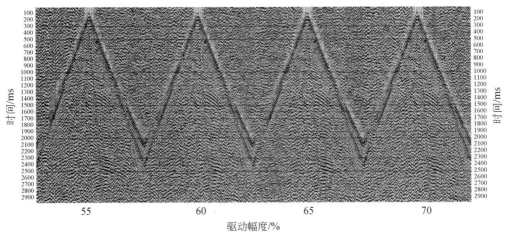

图 2.35　蠡县城区不同驱动幅度试验单炮记录（BP：20 ~ 40Hz）

　　5）扫描长度

　　可控震源向下传播的是一段有延续时间的扫描信号，这段时间称为扫描长度。在考虑设计扫描时间长度的时候，主要考虑以下三个方面。

（1）时间长度的设计要满足最大扫描速率，即 $t_1 \geqslant | F_H - F_L | / K$，其中 K 为可控震源所限定的最大扫描速率值，由震源液压伺服系统所限定。

（2）扫描时间越长，最大相关值越大，能量增强，相应信噪比会提高。

（3）避免相关虚像对记录质量的影响。可控震源在振动过程中，当介质表现为弹性或者塑性的时候，如果超出了弹性形变的范围，震动信号除了产生所需要的扫描振动信号外，还伴有分频信号和倍频信号，若倍频与基本扫描频率有重叠，将在记录中产生二次谐波虚像；若分频与基本扫描频率有重叠，将在记录中产生"多初至"虚像。此时，可以通过改变扫描时间的长度，将记录产生的相关虚像移至有效记录之外，减少"多初至"对勘探目的层反射波的影响，此外，选择扫描方式也可以降低虚像的影响。

在满足了以上三个条件下，增加扫描时间的长度具有以下几个优点：

（1）由于低频激振信号可产生畸变，采用长扫描，降低垂直叠加次数可改进相关叠加质量。

（2）可以衰减干扰波对主要目的层的影响。

（3）可以改善信噪比，但可控震源的长扫描降低了施工效率，与生产效率是反比关系；另外，长扫描有增加环境干扰的风险，因此有必要通过试验选择一个合适的扫描长度。

从不同扫描长度试验单炮记录看（图 2.36），随着扫描长度的增加，目的层能量逐渐增加，10s 以上扫描长度的能量、信噪比差别不大，因此，在城市开展地震采集时一般情况下选择 12s 的扫描长度，距建筑物距离小于 15m 时选择 10s 的扫描长度来降低对建筑物的损害。

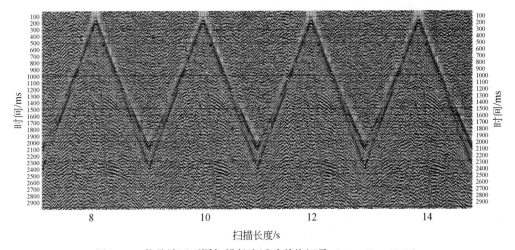

图 2.36　蠡县城区不同扫描长度试验单炮记录（BP：20~40Hz）

2.4　城市地震采集接收参数设计

地震检波器是地震数据采集接收环节的关键设备之一，其性能好坏直接影响地震勘探数据的质量。随着油气勘探从找构造油气藏向岩性油气藏、油气预测从定性向定量发展，对地震数据的要求越来越高，要求采集数据具有宽频带、高信噪比和高保真度。因此，选择合适的检波器类型及其组合参数显得非常重要。

2.4.1　检波器类型选择

随着勘探程度的不断提高，对地震资料分辨率的要求也越来越高，而地震资料的分辨率主要依赖于采集资料有效波的频率成分，地震检波器是获得高质量地震数据的关键。在城市开展地震资料采集时采用什么类型的检波器，才能获得高品质的原始资料，这是人们时刻关注的问题。

1. 检波器技术指标分析

不同类型的检波器，其技术指标及对地震资料的影响也不同，因此，掌握检波器的技术指标对正确选择检波器是非常重要的。[15]从常规、高灵敏度、宽频高灵敏度等几种检波器的主要技术指标对比来看（表2.1），除了自然频率不同以外，与30DX-10常规检波器相比，高灵敏度检波器的灵敏度高，是常规检波器的4~5倍；而且高灵敏度检波器的直流电阻也大，是常规检波器的4倍左右。另外，宽频高灵敏度检波器还具有自然频率低的特点。

表2.1　不同模拟检波器的主要技术指标一览表

指标＼类型	20DX-10 常规	30DX-10 常规	30DH-10 高灵敏度	SN5-10 高灵敏度	GTDS-10 高灵敏度	SG-5 宽频 高灵敏度	SN5-5 宽频 高灵敏度	SN4-14 高频检波器	SN4-35Hz 高频检波器
自然频率 /Hz	10±5%	10±5%	10±5%	10±5%	10±5%	5±7.5%	5±10%	14±5%	35±5%
直流电阻 /Ω	283±5%	395±5%	1800±5%	1550±5%	1800±5%	1850±5%	1820±5%	236±5%	560±5%
阻尼系数	0.7±10%	0.707±5%	0.56±5%	0.7±5%	0.56±5%	0.6±7.5%	0.7±7.5%	0.6±5%	0.6±5%
灵敏度 /[V/(cm·s)]	0.2±7.5%	0.201± 7.5%	0.856± 7.5%	0.98± 7.5%	0.858± 7.5%	0.8±5%	0.86±5%	0.82±5%	0.325±5%
失真度	≤0.2%	≤0.1%	≤0.1%	≤0.1%	≤0.1%	≤0.1%	≤0.1%	<0.2%	≤0.2%

2. 检波器试验资料分析

大量的试验资料表明，不同地区具有不同的地震地质条件和地质需求，表层、深层地层的吸收衰减量、地层频率响应不同，导致检波器的幅频响应不同。因此，在城市中开展地震采集时，检波器类型的选择除了考虑上述因素以外，还需要考虑检波器的抗噪能力。

针对冀中拗陷不同地区开展了大量的检波器类型试验，例如，在同口地区开展了数字检波器、9个模拟检波器、1个模拟检波器的对比试验。该区域的表层结构简单，低降速带厚度薄，潜水面浅，外界干扰较小。从试验资料来看（图2.37），9个模拟检波器的资料品质与1个模拟检波器的资料品质基本相当；数字检波器接收到的信息较模拟检波器的丰富，且在高频端数字检波器资料的能量明显强于模拟检波器。

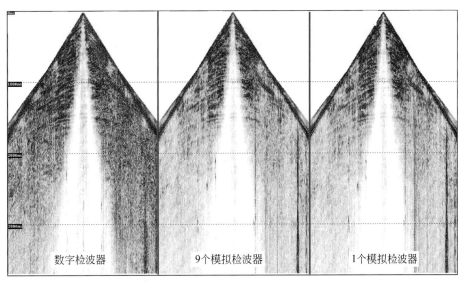

图 2.37　同口地区不同检波器类型试验的单炮记录（BP：40~80Hz）

　　在深州市区开展了 20DX-10、SN4-14、SN4-35 三种型号的检波器对比试验。该区的表层为多层结构，低降速带厚度大，表层吸收衰减严重。试验资料表明（图 2.38），20DX-10、SN4-14 两种检波器资料的信噪比较 SN4-35 的高，反射信息也更为丰富。因此，在类似地区不宜采用自然频率较高的检波器。

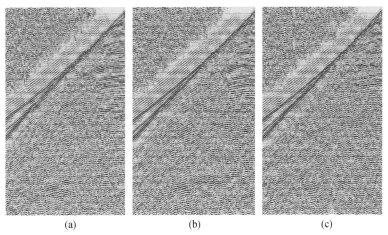

图 2.38　深州市区不同检波器类型试验的单炮记录（BP：30~60Hz）
(a) 20DX-10；(b) SN4-14；(c) SN4-35

　　在辛集市区开展了单个数字检波器与 10 个模拟检波器的对比试验。该区的表层为 2~3 层结构，低降速带厚度中等，但外界干扰严重。从试验资料来看（图 2.39），相对于模拟检波器而言，数字检波器单炮记录的能量弱，一般仅为模拟检波器的 1/6，而且背景干扰严重，信噪比低。因此，在类似的强干扰地区尤其是城市中开展地震采集时，建议采用多个模拟检波器组合接收，以压制环境噪声。

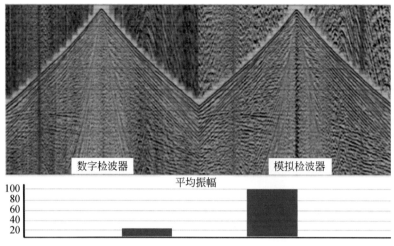

图 2.39　数字检波器（左）、模拟检波器（右）单炮记录及其能量分析

2.4.2　组合参数设计

1. 组合基距设计

地震波实际上是脉冲波，而且实际勘探中，有效波到达同一组合检波内不同检波器的时间也不是完全一致的，因此组合检波必然影响子波的波形。为了简化问题，可以将脉冲波视为多个简谐波，每种频率的简谐波在组合后的变化可以利用组合的方向频率特性公式来计算，最后再将组合后的各种简谐波成分叠加起来，即可得到脉冲波的组合输出。根据上述思路，脉冲波的组合检波输出为[16]

$$\Phi\ (n,\ \Delta t,\ f)\ =\frac{\sin\ (\pi nf\Delta t)}{n\sin\ (\pi f\Delta t)} \tag{2.34}$$

式中，n 为检波器组合个数（个）；Δt 为组内距时差（s）；f 为输出信号频率（Hz）。

假定组合检波个数为 20 个，Δt 取值分别为 0.002s、0.005s、0.01s，得到组合频率特性曲线如图 2.40。可见，检波器组合基距对高频成分具有压制作用，组合基距越大，压制作用就越明显，因此，在高分辨率勘探中，应尽量缩小检波器的组合基距以减少高频信息的压制作用。

在实际勘探工作中，由于存在高频微震干扰，影响高频端资料的信噪比，在检波器组合参数设计时应考虑保护有效波和压制干扰。采用组合检波可以压制一定成分的干扰，但是同时有可能对有效信息也有所压制，因此必须根据目标区期望的高频有效信息和高频微震干扰的特征参数进行综合分析。根据组合检波响应曲线，要使干扰波衰减在 20dB 以上，对组合基距 L_1 的要求为大于干扰波最大视波长：[5]

$$L_1 \geqslant 0.9 v_{\max}^* / f_{\min} \approx \lambda_{n\max} \tag{2.35}$$

式中，$v_{\max}^*$ 为干扰波最大视速度；$f_{\min}$ 为干扰波的最低频率；$\lambda_{n\max}$ 为随机干扰波的最大视波长。

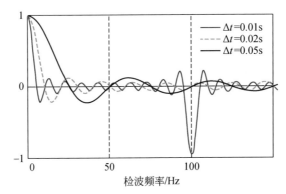

图 2.40　不同组合检波频率特性曲线图

为保护有效波信号，要使有效波衰减小于 3dB，对组合基距 L_2 的要求为

$$L_2 \leqslant 0.44 v_{\min}^* / f_{\max} = 0.44 \lambda_{s\max} \tag{2.36}$$

式中，$v_{\min}^*$ 为目的层最小视速度；$f_{\max}$ 为受保护的最高频率；$\lambda_{s\max}$ 为有效波最小视波长。

因此，选择组合基距应满足：$L_1 \leqslant L \leqslant L_2$。

以冀中拗陷蠡县地区的 T_2 目的层技术指标来计算：目的层段要求达到 70Hz 以上，地层速度为 2800m/s，视速度按照大于 2800m/s 考虑，根据式（2.36）计算，组合检波基距应小于 17.6m。

2. 组内距设计

使用相关分析方法可以定量地确定地震勘探中检波器组合的组内距，达到更有效地压制各种随机干扰，从而提高地震记录信噪比的目的。其原理如下：

对于地震记录上的随机干扰，它随时间 t 变化，同时也随接收点的位置 x 变化，也就是说它是 x、t 的函数 $a(t,x)$。地震勘探中的随机干扰在时间上和空间上都是平稳随机过程，所以我们假定 t 为常数的 $a(x)$ 随机函数和假定 x 为常数的 $a(t)$ 随机函数的统计特性是相同的。野外地震施工时的组合是在同一道内各检波器输出的叠加，随机干扰可以看成只与检波器位置的相关性有关，故仅需讨论同一道内各检波器的输出 $a(tc,x)$ 即可，tc 为常数。对于正态分布的随机干扰，用自相关函数 R_{nn} 就能充分描述它的统计特性。[16]

$$R_{nn}(l\Delta x) = \frac{1}{m-l} \sum_{j=1}^{m-l} (a_j - \bar{a})(a_{j+1} - \bar{a}) \tag{2.37}$$

式中，$l\Delta x$ 为相邻两个检波器的距离（m）；l 为道数差（$l<m$）；$\bar{a}$ 为各检波器在同一时刻样点的平均振幅值；a_j 为第 j 个样点振幅值；m 为参加计算的总检波器数。

当道数差 $l=0$ 时，有

$$R_{nn}(0) = \frac{1}{m} \sum_{j=1}^{m} (a_j - \bar{a})^2 \tag{2.38}$$

以上两式相除：

$$X(l\Delta x) = \frac{R_{nn}(l\Delta x)}{R_{nn}(0)} = \frac{\dfrac{1}{m-l} \sum\limits_{j=1}^{m-l} (a_j - \bar{a})(a_{j+1} - \bar{a})}{\dfrac{1}{m} \sum\limits_{j=1}^{m} (a_j - \bar{a})^2} \tag{2.39}$$

　　当 $X(l\Delta x)=0$ 时，对应的 $l\Delta x$ 值使函数不相关，即距离大于或等于 $l\Delta x$ 的两个位置上的检波器所接收到的随机干扰是互不相关的。我们把自相关函数的第一个零值点所对应 $l\Delta x$ 的值叫做随机干扰的相关半径。只要组内距等于或大于相关半径，就能有效地压制随机干扰。由此我们可定量地得到检波器组合的组内距。

　　蠡县城区相干半径求取方法（图2.41）：单个检波器24道接收，道距0.5m，距试验点的偏移距2m，利用浅层折射仪沿测线方向和垂直测线方向各录制环境噪声三次（图2.42），采样率1ms，记录长度6s。从沿排列方向相关函数曲线看（图2.43），沿排列方

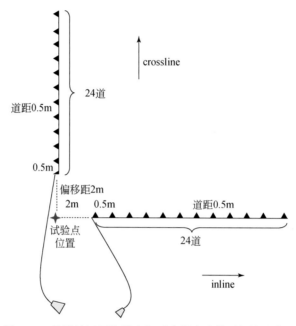

图 2.41　蠡县城区环境噪声相干半径求取排列摆放示意图

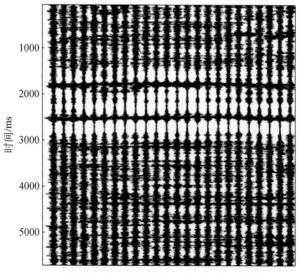

图 2.42　蠡县城区试验点沿排列方向录制环境噪声记录

向的组内距 dx≥2.25m 能压制 inline 方向的随机干扰；从垂直排列方向相关函数曲线看（图 2.44），垂直排列方向的组内距 dy≥2.8m 能压制 crossline 方向的随机干扰。因此，在城市中开展地震采集时，需要在做好检波器与地面耦合的前提下，尽量拉开摆放，以压制随机干扰。

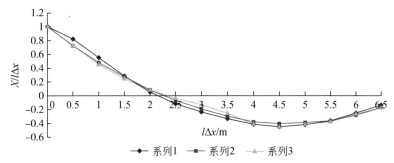

图 2.43　蠡县城区试验点沿排列方向环境噪声相关函数曲线图
系列 1 为第 1 次录制，系列 2 为第 2 次录制，系列 3 为第 3 次录制

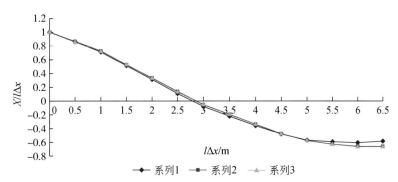

图 2.44　蠡县城区试验点垂直排列方向环境噪声相关函数曲线图（用廊坊的资料）
系列 1 为第 1 次录制，系列 2 为第 2 次录制，系列 3 为第 3 次录制

参 考 文 献

［1］白旭明，李海东，陈敬国，等．2015．可控震源单台高密度采集技术及应用效果［J］．中国石油勘探，20（6）：39～43．

［2］邓志文，白旭明．2018．富油气区目标三维宽频地震勘探新技术［M］．北京：石油工业出版社．

［3］邓志文．2006．复杂山地地震勘探［M］．北京：石油工业出版．

［4］胡立新，刘怀山，张进．2004．东营城区高精度三维地震采集方法研究［J］．中国海洋大学学报，34（6）：1075～1080．

［5］李庆忠．1994．走向精确勘探的道路（第一版）［M］．北京：石油工业出版社．

［6］叶友龙．2005．卫星遥感影像图在野外地震勘探中的应用［J］．物探装备，15（4）：291～293．

［7］钱绍湖．1998．高分辨率地震采集技术［M］．武汉：中国地质大学出版社．

［8］俞寿朋．1993．高分辨率地震勘探［M］．北京：石油工业出版社．

［9］张以明，白旭明，邱毅，等．2012．廊固凹陷凤河营潜山带地震采集方法研究［J］．中国石油勘

探, 17 (6): 69～71.

[10] 赵贤正, 张玮, 邓志文, 等. 2009. 富油凹陷精细地震勘探技术 [M]. 北京: 石油工业出版社.

[11] 王雄文, 王华忠. 2014. 基于压缩感知的高分辨率平面波分解方法研究 [J]. 地球物理学报, 57 (9): 2946～2960.

[12] 谢玮, 王彦春, 毕臣臣. 2017. 人工智能在石油地球物理勘探中的应用研究综述 [C] //中国地球物理学会. 2017 年中国地球科学联合学术年会论文集 (二十七). 北京: 中国和平音像电子出版社: 1035～1036.

[13] 倪宇东, 等. 2014. 可控震源地震勘探采集技术 [M]. 北京: 石油工业出版.

[14] 薛海飞, 董守华, 陶文朋. 2010. 可控震源地震勘探中的参数选择 [J]. 物探与化探, 34 (2): 185～190.

[15] 陈美年, 苏卫民, 夏建军, 等. 2017. 新型单只模拟检波器与常规模拟串检波器的地震资料响应特征对比 [J]. 物探装备, 27 (5): 288～291.

[16] 李辉峰, 王旭. 2002. 地震勘探中检波器组合之组内距选择方法探讨 [J]. 物物探化探计算技术, 24 (4): 294～297.

第3章 城市三维地震采集实施技术

城区内建筑物密集、公路铁路纵横交错、地下管线众多、人为活动频繁和干扰严重等因素，造成采集技术的实施过程中物理点布设、质量监控、设备维护、安全环保及维稳和提速提效等难度大。通过不断探索和积淀，逐步形成了城市油气三维地震采集实施技术，并在生产中取得了较好的应用效果。

3.1 地表障碍物安全距离测试技术

在城市开展地震采集施工时（图3.1），人工激发源产生的地震波是否会对炮点周边建筑物、地面设施等造成损坏，一直是地震勘探野外施工的难题。[1-3]为了保证地面建筑及设施的安全必须测定出激发源产生的地震烈度，确保其不超过地面建筑物所能够承受的最大地震烈度。从而根据地面设施情况，科学合理地设计建筑物周边的炮点及其激发参数，确保施工安全。目前，城市地震勘探采用的测试方法是PPV（Peak Particle Velocity，质点震动峰值速度）测试。

(a)   (b)

图3.1 城区内可控震源（a）和井炮（b）施工图

3.1.1 PPV测试的目的

人们通常用地震烈度来描述地面遭受地震影响和破坏的程度，烈度的大小是根据人的感觉、室内设施的反应、建筑物的破坏程度以及地面的破坏现象等综合评定的。地表建筑物都具有一定的抗震烈度，且由建筑物所在城市的大小，建筑物的类别、高度以及当地的抗震强度设防规划确定的，根据中国的《建筑抗震设计规范》，可以查找出建筑物的抗震设防烈度。地震勘探激发的人工地震波一方面不能对建筑物造成损坏，另一方面不能对居民的日常生活造成明显的影响，因此建议地震勘探产生的地震烈度不超过Ⅴ度。

地震烈度大小与地表建筑物的运动参数有关，包括水平加速度峰值和水平速度峰值。中国地震烈度表（表3.1）列出了我国不同地震烈度对应的运动参数。因此野外地震采集时，测定出不同激发参数、不同激发距离建筑物的运动参数，即可得到激发产生的地震烈度，再根据建筑物的安全抗震烈度，选择合适的炮点激发参数，确保生产安全[4]。

表 3.1　中国地震烈度表

烈度	在地面上人的感觉	房屋震害程度	水平向地面运动	
		震害现象	峰值加速度 / (m/s^2)	峰值速度 / (m/s)
I	无感			
II	室内个别静止中人有感觉			
III	室内少数静止中人有感觉	门、窗轻微作响		
IV	室内多数人、室外少数人有感觉，少数人梦中惊醒	门、窗作响		
V	室内普遍、室外多数人有感觉，多数人梦中惊醒	门窗、屋顶、屋架颤动作响，灰土掉落，抹灰出现微细裂缝，有檐瓦掉落，个别屋顶烟囱掉砖	0.31 (0.22~0.44)	0.03 (0.02~0.04)
VI	多数人站立不稳，少数人惊逃户外	损坏——墙体出现裂缝，檐瓦掉落，少数屋顶烟囱裂缝、掉落	0.63 (0.45~0.89)	0.06 (0.05~0.09)
VII	大多数人惊逃户外，骑自行车的人有感觉，行驶中的汽车驾乘人员有感觉	轻度破坏——局部破坏，开裂，小修或不需要修理可继续使用	1.25 (0.90~1.77)	0.13 (0.10~0.18)
VIII	多数人摇晃颠簸，行走困难	中等破坏——结构破坏，需要修复才能使用	2.5 (1.78~3.53)	0.25 (0.19~0.35)
IX	行动的人摔倒	严重破坏——结构严重破坏，局部倒塌，修复困难	5 (3.54~7.07)	0.5 (0.36~0.71)
X	骑自行车的人会摔倒，处不稳状态的人会摔离原地，有抛起感	大多数倒塌	10 (7.08~14.14)	1 (0.72~1.41)

3.1.2　PPV 测试与数据分析

1. PPV 数据采集

典型的 PPV 振动监测系统由一个三分量检波器、麦克风和记录主机组成，还包含质点速度峰值测定系统。质点速度峰值测定系统所测定的振动指标，目前已经被物探地震队所接受和普遍采用。PPV 监控系统是在给定一个距离的前提下，测量质点在被振动过程中，物体内部沿 X、Y、Z 三个方向的传播速度，PPV 测定记录了三个分量的波形。当地震波由不同类型震源激发，或在不同的地质土壤中传播、振动时，形成地震波的几何形状、大小和方向也不同[5]。

野外施工前，首先要在工区内采集 PPV 数据，采集的位置要根据工区内的地表条件确定。以杨税务三维为例，本项目采用井震联合施工，要同时进行井炮和可控震源的 PPV 数据采集。井炮主要在农田内，采集不同井深、不同药量激发的 PPV 数据。可控震源主要在黄土地表、砂石地表、水泥路面，采集不同台数、次数、扫描长度、扫描频率、驱动幅度等不同激发参数的 PPV 数据。野外采集主要有以下两步。

1）测试方案

根据工区以往所用激发参数，设计可控震源和井炮不同激发参数的测试方案。

（1）井炮 PPV 测试方案：

井深：降速层内 6m、8m、10m，高速顶下 3m、5m、7m、9m、40m、50m、60m。

药量：1kg、2kg、3kg、4kg、5kg、6kg、7kg、8kg。

测试距离：5m、10m、15m、20m、25m、30m、35m、40m、45m、50m、60m、70m、80m、90m、100m、120m、140m、160m、180m、200m、250m、300m。

（2）可控震源测试方案：

震动台数：1 台、2 台、3 台、4 台。

震动次数：1 次、2 次、3 次、4 次。

扫描长度：10s、12s、14s。

线性扫描频率：1.5~64Hz、1.5~72Hz、1.5~84Hz、1.5~96Hz、1.5~108Hz；3~64Hz、3~72Hz、3~84Hz、3~96Hz、3~108Hz；6~64Hz、6~72Hz、6~84Hz、6~96Hz、6~108Hz。

驱动幅度：40%、50%、60%、65%、70%。

测试距离：2m、5m、10m、15m、20m、25m、30m、40m、50m、60m、70m、80m、90m、100m、120m、140m、160m、180m、200m。

2）数据采集

根据设计的测试间距，摆放三分量检波器（图 3.2），并将 PPV 接收器放置在其中一个三分量检波器旁边，以便比对。接通设备，按照设计的激发参数依次激发，记录数据。

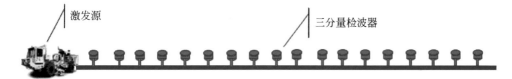

图 3.2　PPV 测试野外检波器布设示意图

2. PPV 数据分析

采集到的数据主要分为两部分，一部分是地震数据，另外一部分是声音数据。地震数据包括横向、纵向和垂向三个方向的速度、频率、位移和加速度，分别用表格和图形显示（图3.3）。表格里的数据是记录到的数据最大值。

地震数据				声波数据		
类型	横向	纵向	垂向	测试项目	数值	触发器峰值
速度/(mm/s)	76.581	44.641	106.744			2.0
频率/Hz	85.30	2.30	12.80			
位移/mm	0.1429	3.089	1.3272	mb	5.085	
加速度/(g/s)	4.182	0.066	0.875	dBL	148.1	
触发器峰值	13319.3	25419.9	3995.1	Hz	18.9	

波形/频率关系图

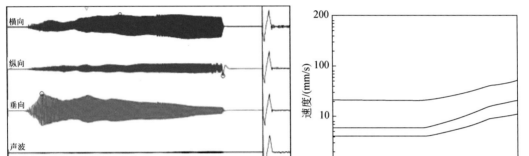

图 3.3　Mini SuperGraph 采集到的地震数据浏览界面

我国的地震烈度标准是以不同的速度进行震动烈度划分的，因此，在 PPV 数据分析时主要提取震动速度信息，采用最小二乘法拟合出不同激发参数产生的震动速度与距离的关系曲线（图3.4、图3.5），为后续炮点激发参数设计提供依据。

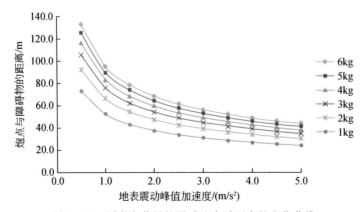

图 3.4　不同激发药量的震动速度随距离的变化曲线

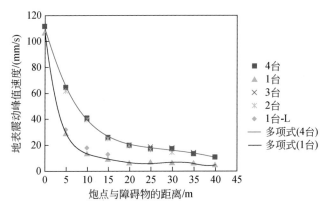

图 3.5　不同可控震源组合台数的震动速度随距离的变化曲线

野外采集时，工区内一般有多种类型障碍物，不同类型障碍物对震动烈度要求不同。例如，名胜古迹可承受的烈度要比混凝土建筑可承受的烈度小得多，这就要求施工时炮点与名胜古迹的距离更远。因此前期 PPV 测试时，要针对不同障碍物分别测试，得出不同类型障碍物的测试结果。

在城区道路施工时，可控震源的振动会导致建筑物内部结构的损害。这种振动也容易被当地居民观察到，即使振动结果低于合理的阈值，观察者也会认为该振动会损害他们的建筑物。由此可见，PPV 系统的合理使用是必要的，是作业施工方有效应对索赔及诉讼的强有力依据。

3.2　城市近地表调查技术

随着城市的规模化发展及现代化进程，城市地上地下基础设施的密度越来越大，给近地表调查工作带来极大的挑战。但对于城市地震勘探而言，近地表调查工作除了搞清楚表层结构为激发参数设计及静校正提供基础数据以外，还要弄清地下桥涵、管线、人防工程等隐性障碍物的位置、埋深和空间分布情况，从而为优选合理安全的激发点位提供有力保障。

3.2.1　近地表隐性障碍物调查

目前，城市地下的燃气管道、排水管道、电力和通信电缆、暗涵及人防工程等隐蔽障碍物越来越多，密度也越来越大，若不准确落实其位置、埋深和空间分布，就会给地震采集施工带来极大安全隐患。地质雷达（Ground Penetrating Radar，GPR）是一种用于浅层地质结构、构造和岩性检测的一项新技术[6]。它是利用超高频脉冲电磁波为震源，以自激自收的形式，采用连续、间断两种方式接收地层界面反射回波，从而探测地下介质分布的一种地球物理勘探方法。雷达波在介质中的传播速度与介质的相对介电常数有关，介质层间介电常数差异越大，则探测效果越好，介质异常在雷达剖面上反应明显，更易于识别。

野外资料采集时，将雷达天线紧贴于地表面并连续滑动，根据雷达反射波的同相轴波形变化和波组特征分析地下是否存在障碍物、地下障碍物的类型以及障碍物埋深和位置等信息（图 3.6）。

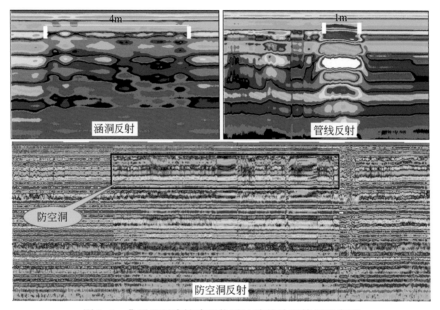

图 3.6　典型地下隐性障碍物雷达波的波组特征示意图

根据地质雷达对地下障碍物的探测定位结果，按照不同类型障碍物的安全距离，将安全距离以内的炮点进行剔除，避开可控震源、炸药震源在障碍物的正上方施工，以降低安全风险。例如，在廊坊市区开展地震采集时，利用地质雷达在炮点区域内探测出地下隐性障碍物 6386 处，剔除危险激发点 506 个，实现了安全生产。

3.2.2　近地表结构调查

目前地震采集过程中主要采用微测井或小折射方法来开展表层结构调查，而且激发源一般为雷管或炸药，因此安全风险高。尤其是在城市地震采集时，由于环保要求高，采用雷管或炸药激发的微测井或小折射难以实施，导致控制点位严重不足，在很大程度上影响了激发参数设计及静校正的精度。近年来，在城市地震采集过程中，采用电火花激发微测井和地质雷达调查近地表结构，取得了良好的效果。

1. 电火花激发微测井

电火花震源是一种利用放电电极产生电弧放电获得强压力脉冲，产生稳定、同步、高分辨率和高信噪比地震波的装置。其主要特征是操作简单、携带方便、无破坏、无污染，可很好地替代雷管作为微测井的激发源，成为城市近地表结构调查的重要方法之一[6]。

电火花激发与常规雷管激发的微测井资料表明：在相同的显示参数下，电火花激发的能量稍弱，但两者的整体趋势一致（图 3.7）；两种微测井记录的初至时间，两者误差较小，均在 2ms 的范围内；另外，从解释结果看（图3.8），两者解释结果相近，低降速带厚度仅相差 0.1m。综合以上分析，电火花激发的微测井技术能够满足近地表结构调查的需求。

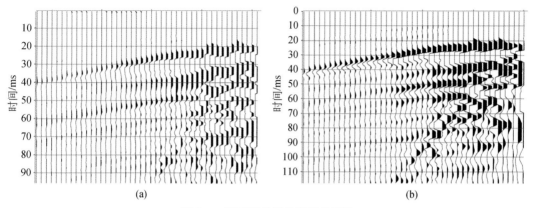

图 3.7　不同激发源的微测井记录

（a）电火花激发；（b）雷管激发

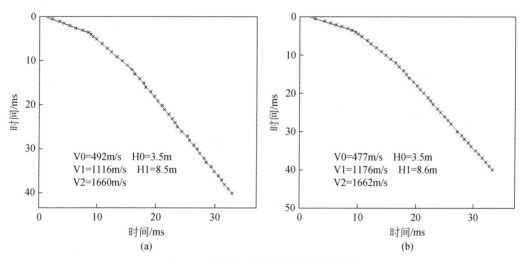

图 3.8　不同激发源的微测井解释结果

（a）电火花激发；（b）雷管激发

2. 地质雷达探测

使用地质雷达方法预测地层含水量，主要是基于地层介电常数大小，即利用地质雷达测量电磁波在不同的地层中的传播速度 V；再由速度 V 计算相对介电常数 ε；然后再由介电常数 ε 换算出水含量或湿度 θ_v。Roth 等于 1990 年推算出了混合容量计算公式[6]：

$$\theta_v = \frac{\varepsilon_r^{1/2} - (1-\eta)\,\varepsilon_s^{1/2} - \eta\varepsilon_0^{1/2}}{\varepsilon_w^{1/2} - \varepsilon_0^{1/2}} \tag{3.1}$$

式中，η 为孔隙率；ε_r、ε_w、ε_0、ε_s 分别为地质雷达测得的介电常数、水的介电常数、空

气的介电常数、岩土中固体物质的介电常数；θ_v 为计算出来的含水率或湿度。

另外，也可以利用实验室使用迭代拟合原理推导出专用于计算地层结构湿度的经验公式[6]：

$$\theta_v = -0.006\varepsilon_r + 0.294\varepsilon_r - 0.092 \tag{3.2}$$

当求得地表浅层各层厚度时，只要输出雷达波构造或厚度解释的双程走时，利用上述方法就可以求出各层的含水率。

根据地质雷达调查的剖面，当不同地段含水量差异较大时，可以直接根据波形和波组特征定性地推断地层含水量高低。一般情况下，伴随地层含水量增加，雷达波振幅会逐渐增大、相位逐渐加宽、同相轴连续性也逐渐变好，由此就可以调查出潜水面的位置（图 3.9）。

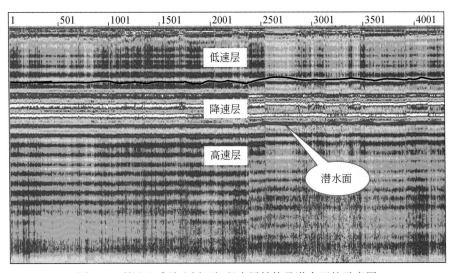

图 3.9　利用地质雷达剖面解释表层结构及潜水面的示意图

在廊坊市区，受地表地形、车辆管制（钻微测井井眼的车辆）等各方面的影响，能布设电火花震源微测井的区域很少，为此，通过采用地质雷达的方法，控制点的密度得到大幅度提高，且实现较为均匀的布设（图 3.10），大大提高了近地表结构调查的精度。

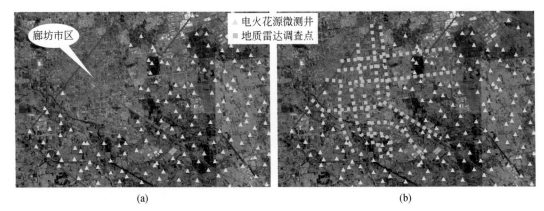

图 3.10　廊坊市区使用地质雷达前（a）、后（b）表层调查控制点分布图

3.3　城市三维地震物理点布设技术

由于城市面积大，且受建筑物及视野开阔度等因素的影响，直接在野外进行物理点布设难免带有盲目性[3]。因此利用城市高精度卫星遥感数据进行炮检点布设，使城区变观设计工作做到有的放矢，大大降低盲目性，提高物理点的科学性及施工效率。

3.3.1　接收点预布设

城市障碍物密集，大部分检波点都需要偏移才能布设。一方面，以往分析城区观测系统属性时，检波点都采用理论的，导致施工前分析观测系统属性能满足设计要求，施工时大量的接收点偏离设计位置，造成实际观测系统属性不满足设计要求。另一方面，城区检波点放样时，由于障碍物毗连在一起，寻找合理的偏移点位需要反复绕路，花费大量的时间，施工效率低。

民用高精度卫星遥感图片分辨率有 2m、1m、0.625m 不等，利用高精度卫星遥感图片可以清晰识别城市建筑物类型、大小，地表植被、道路的类型、宽窄等详细情况（图 3.11）。因此，可以利用高精度卫星遥感图片按照"少偏移、易埋置"的原则进行接收点的模拟放样。根据室内模拟放样结果，利用相应的软件提取相对准确的物理点坐标，指导野外接收点放样作业。

图 3.11　廊坊城区高精度卫星遥感照片（局部放大）

利用预布设结果进行观测系统分析，确保野外施工时观测系统属性基本保持不变，提高了设计的准确性。另外还可以根据预设计的结果，在室内设计检波点放样路线，提高野外放样效率。2017 年廊坊城区三维基于卫片进行预设计（图 3.12），检波点横向偏移较小，点位放样更合理，更有利于检波器与大地耦合。

图 3.12　城区检波点预设计示意图

3.3.2　激发点及其参数优化设计

城市内障碍物密集，可布设激发点的区域只有较宽的道路和城中空地。施工前，应根据高精度遥感图片结合野外实地踏勘，对城区内的道路及道路两边建筑物情况（图 3.13 和图 3.14）、空地及空地类型（图 3.15）进行详细的调查，综合上述信息形成炮点基本信息数据库，为激发点优化设计提供详实准确的基础数据。

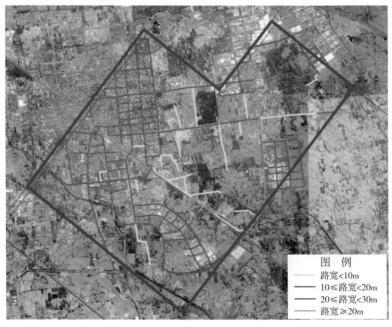

图 3.13　廊坊城区可布设可控震源激发点的道路分布图

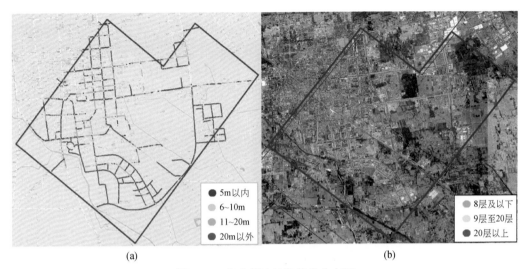

图 3.14　炮点周边地物信息分布图

（a）周边建筑物与炮点距离；（b）周边建筑物高度

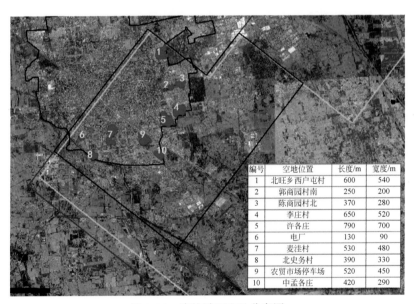

编号	空地位置	长度/m	宽度/m
1	北旺乡西户屯村	600	540
2	郭商园村南	250	200
3	陈商园村北	370	280
4	李庄村	650	520
5	许各庄	790	700
6	电厂	130	90
7	麦洼村	530	480
8	北史务村	390	330
9	农贸市场停车场	520	450
10	中孟各庄	420	290

图 3.15　廊坊城区空地分布图

　　根据前期调查结果，对城区内的激发点进行预设计。根据地质雷达对近地表管线的探测定位，将管线坐标导入采集软件，按照不同类型障碍物的安全距离，将安全距离以内的激发点进行剔除，避开震源在管线正上方施工，降低安全风险、减小工农矛盾。

　　根据井炮、可控震源激发的适应性，按照城区道路上采用震源激发，城中空地、城区外围采用井炮激发的原则设计激发点位。可控震源激发的能量较弱，深层原始资料信噪比低，但是浅层能够见到清晰的反射信息；井炮激发可以得到城区中深层有效的反射信息，采用井震联合激发的方式有利于解决城区激发点位不足，深层能量弱的问题。

　　城区内激发参数的设计应根据前期试验结果、PPV 测试结果及激发点周边的建筑物实际情况，进行逐点设计。廊坊城区结合道路宽度、震源点距周边房屋的距离及 PPV 测试结果，对震源点激发参数进行了逐点设计。布设的可控震源炮点共计 4563 炮，其中 4 台震源施工的为 3952 炮，3 台震源施工的为 275 炮，2 台震源施工的为 307 炮，1 台震源施工的为 29 炮（图 3.16）。同理对扫描频率和驱动幅度进行逐点设计，最终得到每个震源点的详细的激发参数（图 3.17）。

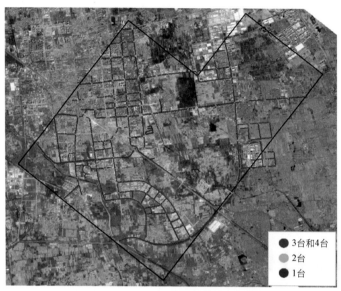

图 3.16　廊坊城区可控震源台数分布图

图 3.17　廊坊城区可控震源激发参数分布图

3.3.3　观测系统属性分析

根据拟定的城市炮检点设计方案,分析观测系统属性(一般超过特观技术设计的指标要求),进一步优化炮点(删除或禁止),直至观测系统属性符合技术设计的要求。廊坊城区的炮点距由50m加密到25m,接收线距由200m加密到100m,是城外的2倍,确保观测系统属性的均匀性及资料品质。廊坊城区特观共布设炮点8772个,其中震源点4514个,井炮4258个;共布设检波点20588道。经分析,廊坊城区整体的覆盖次数在900次以上,大多数区域达到1000次以上,覆盖密度达到160万次/km²,其中井炮的覆盖次数在杨税务潜山主体部位达到300次以上(图3.18),对得到好潜山及内幕资料具有重要的作用。

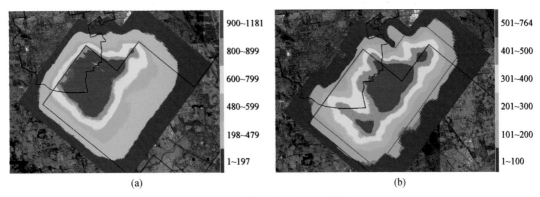

图 3.18　廊坊特观覆盖次数图

(a) 总覆盖次数;(b) 井炮覆盖次数

3.4　城市高效地震采集技术

城市内地表条件极其复杂,受密集建筑物、管线、桥涵等障碍的限制,可控震源的顺畅通行和高效采集面临巨大挑战。近年来,华北探区针对大型城市复杂的地表条件,通过有线仪器和节点仪器混合接收、可控震源源驱动、可控震源路线轨迹导航、可控震源无桩号施工、被动连续采集等配套技术的应用,探索出一套适合城区复杂地表的可控震源高效采集技术,实现了城市三维地震采集高效、优质实施。

3.4.1　有线与节点仪器混合接收技术

1. 有线仪器和节点仪器性能对比

随着勘探技术的发展,"两宽一高"技术成为趋势,覆盖密度越来越大,地震采集接收道数也快速增长。另外,地表条件越来越复杂,有线仪器在"两宽一高"应用中的局限性越来越明显。节点仪器具有轻便、通过能力强的特点,能够很好地解决城市由于障碍物众多，有线排列绕道难，占用设备资源量大，布设困难等难题。由于设备结构和工作方式的不同，因此有线仪器和节点仪器具有不同的性能特点（表 3.2）。

表 3.2　有线仪器和节点仪器性能对比表

仪器类型	有线仪器	节点仪器
数据回收方式	实时回传并按规定格式输出采集数据	采集站回收至营地，使用数据下载设备进行数据回收
质量控制	可实时查看质量控制数据	使用专用设备逐个回传质控数据
数据安全性	数据回传，但排列出现传输问题时，可能丢失数据	数据本地存储，不存在数据传输路径问题，但若采集站故障或丢失，则数据也丢失
供电方式	集中供电	分布供电
供电电池续航能力	2~3 天	20 天左右
带道能力	有限	无限
地面设备种类	采集站、交叉站、电源站、大线、交叉线、电瓶、手簿	采集站、电瓶、手簿
体积	G3i 采集站：25.0cm×8.5cm×6cm	Hawk：16.76cm×20.32cm×5.59cm
	428XL：8.25cm×7.14cm×19.4cm	GSR：8.89cm×7.62cm×16.94cm
平均单道重量	G3i：约 5kg@55m 道距大线	Hawk：4.21kg
	428XL：约 6kg@55m 道距 WPSR 电缆	
复杂地表适应能力	差（受道距、地形地貌等影响）	强（无大线、布设灵活）

2. 混合接收的原理

有线仪器和节点仪器要实现混合接收，需要保证两种仪器记录地震数据初至相位、时间一致，得到的地震数据形态相吻合，地震资料的幅频特性一致，地震资料可以较方便地合成同一炮集文件。当满足上述要求时，有线仪器与节点仪器可以实施混合采集排列布设（图 3.19），二者使用 GPS 授时方式实现同步采集，有线仪器主机产生的激发时间文件可以实现精准分离节点仪器采集的数据，达到无缝连接。[7]

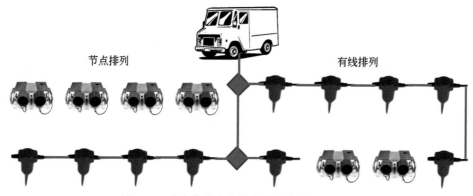

图 3.19　节点仪器和有线仪器混合接收示意图

3. 混合接收的优势

有线仪器和节点仪器混合接收，可以充分集合有线、节点仪器的优点，使得地震数据采集施工更加灵活，具有较为明显的技术优势。[8]

（1）可以充分利用节点仪器的优势，达到降低劳动强度、加快施工进度、节约生产成本的目的；

（2）能够满足实时监控环境噪声与单炮采集数据的需求；

（3）面对地形复杂地区施工更加灵活，可以便捷地完成布设排列，尤其是在大型城市、沼泽、水网、山前带等复杂区效果更加明显；

（4）减少了车辆、人员配备，降低了 HSE 风险；

（5）减少了工农关系压力，提高了生产效率。

通过节点仪器在廊坊城区的应用，节点仪器在复杂障碍区放线速度是有线仪器的1.5～2倍，且不存在掉排列情况，增加了放炮的效率。有线仪器在城区绕道比例为23%左右（绕道道数为11284道），掉排列频繁，每天累计时长在5小时以上，若全部采用有线施工则白天基本无法放炮（表3.3）。

表3.3　有线仪器、节点仪器在廊坊城区应用效果对比表

项目	G3i 有线	Hawk 节点
掉排列（单日时长）	5 小时	无
绕道比例	23%	无
电瓶续航时长	2 天	20 天
放线效率（障碍较少区域）	80 道	100 道
放线效率（障碍较多区域）	60 道	120 道
放炮效率（白天）	200 炮	500 炮
放炮效率（晚上）	400 炮	500 炮

4. 混合接收应注意的问题

（1）根据地形地貌，综合有线仪器和节点仪器各自的特点，合理计划设备摆放位置。一般在高大建筑密集区、路网发达区、沼泽、水网、陡峭山区等复杂地表使用节点仪器。

（2）在人口密集区域，应加大设备的巡查力度，防止设备损坏和丢失。

（3）节点设备工作时需要利用 GPS 定位，GPS 在节点仪器生产中担任了两个至关重要的角色，一是给全局参与的采集设备授时，包括全部在用且已经完成布设的采集站和仪器主机设备授时；二是给全部采集站定位，为后续资料处理（数据下载与合成）提供自动拟合的第一手资料。若卫星信号丢失，就会造成该采集站不记录任何数据；若卫星信号原因造成定位误差过大，就会造成自动拟合错误，造成炮集数据错乱。

在城市内施工时，高大建筑物和雷达等设备会对 GPS 信号产生屏蔽作用，施工前应针对此类障碍物进行信号测试。在障碍物周边不同方位，等间距摆放节点设备（图3.20），测试不同方位、与建筑物不同距离对信号的影响情况，寻找最佳摆放位置。在廊坊城区经过测试，节点在高大建筑物北侧 10m 内，GPS 定位时间略长（30 分钟内），其他方位不受影响且状态稳定。根据测试结果，节点设备在摆放时尽量不要摆在高大建筑物北侧 10m 范围内。

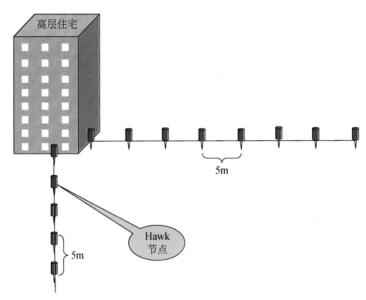

图 3.20　节点设备信号测试摆放示意图

3.4.2　源驱动技术

1. 源驱动技术的原理

在野外地震勘探的数据采集过程中，炮点的选择方式有两种：操作员人工选择和地震仪器自动选择。所谓源驱动技术，就是地震仪器根据震源控制系统或遥爆系统提供的坐标，自动地选择炮点甚至自动采集的一项技术[9]。

源驱动技术将实时采集炮点信息作为地震仪器自动选择炮点的依据，免除了操作人员人工读取炮点信息和手动选择炮点稿本的操作，具有炮点定位精度高、炮点稿本选择准确的特点，在提高炮点准确性的同时避免了人工选择炮点带来的操作失误，减轻了操作员的劳动强度，使复杂环境下的生产效率得到提高。随着勘探向城市、山地等复杂地表区的扩展和生产效率的不断提高，在生产中广泛使用源驱动技术，必将成为一种发展趋势。

2. 可控震源源驱动

可控震源源驱动技术依托于可控震源安装"DSD Network"和 GPS 等辅助设备来实现。该技术实现的方法是：在一组震源中选择一台主车，当主车震源的平板放下后，在震源无线网络的作用下，主车震源自动询问本组其他震源的平板状态及当前每台震源的 GPS 坐标值，并计算出这组震源的组合中心 COG（Center Of Gravity），然后把这些信息连同 Ready 信号发送到仪器。仪器从炮点文件里自动选择与其相匹配的震源点，也就是距离可控震源 COG 坐标最近的炮点，自动启动采集。采集完成后，COG 的坐标由译码器传回编码器进行计算，并显示在定位图上[10]。

城区交通条件复杂，施工效率低，一般需要多组震源激发。采用可控震源源驱动技术，当组内所有震源都准备好后，主震源将计算出的组内各震源 COG（组合中心）坐标和 REDAY 信号发给仪器，仪器自动检测是否有震源组准备好，如有则启动震源继续工作，如没有则等待。从而使每组可控震源之间的采集间隔可以是随机的，并且每组可控震源的作业顺序是可变的。该技术可确保各组震源有序、连续地工作，从而提高生产效率。

3. 井炮源驱动

井炮源驱动技术的原理和震源源驱动技术相同，尽管源驱动技术在可控震源生产中应用广泛，但是在井炮生产中的应用还处于起步阶段。这主要有两方面的原因：一方面是井炮生产的特点决定了其在同一时间段内只能一个炮点激发，因此对仪器自动选择炮点稿本功能的需求在较长时间内并不迫切，造成地震仪器系统在这方面的功能开发相对滞后；另一方面是井炮生产使用的遥爆系统没有将 GPS 作为标准配置，甚至没有预留使用 GPS 定位的功能。但近年来，随着井炮生产的日效越来越高，使用传统的人工操作方式生产时，常常因炮点位置与操作员所选的炮点稿本不对应而造成废炮的数量明显增多，这其中有些是因为仪器操作员没有听清爆炸工所报的炮点桩号，也有的是爆炸工直接报错导致。甚至由于操作人员不能及时发现某一炮点有错误，而导致数十炮有偏差的情况也偶有出现。如果在井炮生产中采用源驱动方式，仪器操作员在放炮前就能够知道当前炮点信息，就可以实现从原来的事后及时补炮到事前预防的转变，提高生产效率的同时采集质量也得到了有效保证。

实现井炮源驱动需要具备三个基本条件，一是遥爆系统能够获取和传输 GPS 坐标信息；二是地震仪器的软件具备源驱动功能；三是遥爆系统与仪器主机可以通信。实现的流程如下[9]：

（1）译码器在炮点位置采集该点的 GPS 坐标数据；

（2）译码器通过无线电将炮点坐标数据发送至编码器；

（3）编码器将收到的坐标数据通过串口或网络接口发送到仪器主机；

（4）仪器主机根据预先设置好的投影参数将收到的 WGS-84 坐标转换为当地的平面投影坐标，按照预设的条件参数从炮点稿本列表中选择符合条件的炮点稿本；

（5）仪器主机根据炮点稿本选择的先后次序激活对应排列，并启动排列采集的同时，通过编码器启动译码器进行激发。

通过井炮源驱动技术，可以有效监控钻井点位的准确性，对于偏点也能够及时补测，为后续处理资料提供准确坐标（图 3.21）。还可以减少炮手和仪器操作员通过电台沟通，因口误、手误造成的错炮。另外，不用上报炮点桩号减少了仪器操作员、爆炸机操作手的话语交流频次，各组排队放炮，依次有序，减少爆炸机之间互相干扰，减少了核对时间，实现高效生产。

图 3.21　井炮源驱动放炮

源驱动在井炮生产中的应用，不仅是技术的进步，同时也会使地震勘探采集组织过程得到进一步优化，尤其是将源驱动与 GPS 导航等结合应用，将使复杂环境下的井炮生产质量和效率都得到了极大的提高。

3.4.3　可控震源轨迹设计技术

城市交通繁忙、交通规则严格，由于城区施工前进行了精细的轨迹设计，因此解决了可控震源在复杂城市施工因交通问题所造成的效率降低、行车安全隐患突出的难题。

1. 轨迹设计

精确的轨迹设计是震源能够高效、安全行进的基础，需要在作业前做大量的准备工作。一般要经历两个阶段：

一是在正式施工前要详细踏勘工区，确定施工区域内的各类障碍物及可能影响施工效率的风险区，如管线、沟渠、道路、桥梁等，将其形成 shp 或其他类似的矢量文件，展布在高清卫片上，在此基础上根据炮点分布情况进行震源理论路径设计，设计时既要考虑避开障碍物又要考虑路径最优。以往主要借助绘图软件通过人工方式确定路径，耗时费力，而且路径未必最优。廊坊城区勘探，研发了轨迹自动优化算法，可实现轨迹的自动设计，按照"一笔画+向右拐"的原则开展可控震源行走路线规划（图 3.22），尽可能减少震源调头、无效行走距离，提高施工效率。

二是踏勘小组携带 GPS 在野外验证并记录实际可行的轨迹，室内对此轨迹再进行必要的修正并形成最终的轨迹文件。

2. 现场导航作业

在开始可控震源轨迹导航前，首先要进行定位系统的架设。当施工边框确定后，需要根据基准点，在全工区先建立测量网络，而后将 RTK 参考站布设在仪器车附近的某个物理点上，GPS 接收机、导航主机、终端安装在震源车里，GPS 天线和电台装在震源车顶都，分别用来接收 GPS 和通信，这样就构成一个完整的定位系统（图 3.23）。

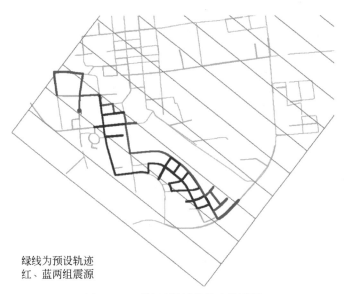

绿线为预设轨迹
红、蓝两组震源

图 3.22　可控震源行进轨迹路线图

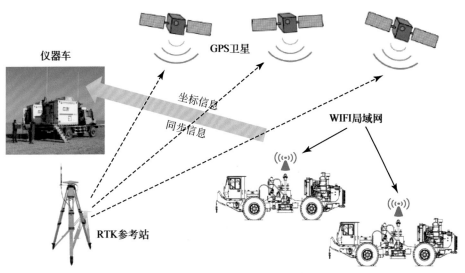

图 3.23　可控震源定位系统示意图

　　轨迹设计完成后，交给震源组实施。接收到施工信号后，导航系统会自动指引可控震源沿着设计的估计路线安全行进，震源到达任意炮点附近时，会不断提示已接近炮点，当抵达准确位置后，则提示震源可以落板，震源落板后会自动连接仪器系统，排队等待激发（图 3.24）。导航系统的高度自动化和智能化，使得震源操作手只需按照提示安全驾驶震源即可，大大提高了效率，降低了风险[10]。

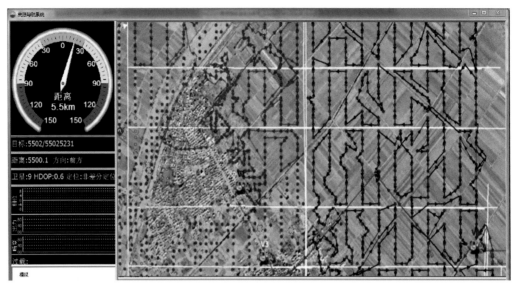

图 3.24　轨迹导航界面

3.4.4　可控震源无桩施工技术

1. 无桩施工技术原理

一直以来，测量作业就是按照设计要求，在资料采集前进行炮点放样，且多采用胶带桩号、土堆、旗子三标定位。采集过程中，如果出现可控震源无法到位的炮点，需要现场偏移，然后测量组进行复测。

近年来，由于社会对环保要求的提高，常规地震勘探项目中测点用小旗、油漆等标志物对点位标记的方式已明显不再符合要求，再加上高效采集对测量组施工效率也提出了新的要求，这就需要一种全新的作业方式以能够适应高效率地震采集的要求。无桩号施工不在地面放置标志旗，将 GNSS 接收机集成在震源上，同时仪器架设 GNSS 基准站，发射差分信号，震源上的 GNSS 接收机使用实时动态差分（RTK）获得厘米级定位精度的坐标，作为该炮点的测量成果[11]。这种方法的优势在于减少常规三维项目中炮点放样的工作，同时，该方法具有震源定位与激发同步的优点，且 GNSS 接收机的实时动态差分精度达到 ±10mm+1ppm（水平），±20mm+1ppm（垂直），保证了炮点位置的准确性和可靠性。

2. 城市无桩施工技术应用

城市震源激发点主要布设在道路上，一方面，出于环保的要求不允许在道路上做桩号标记，即使允许做标识，由于人为活动频繁，标识必定毁坏严重，影响施工；另一方面，街道上车辆较多，影响震源准确停点，点位存在误差。

城区勘探一般采用多台可控震源激发，每组可控震源内部的各台震源上安装低功率的高频电台保证组内震源之间的相互通信，形成一个局域网，称为可控震源局域网（Vibrator Local Area Network）。所有的震源将它们的位置坐标传给主震源，由主震源计算组合中心（COG），并将此坐标发给记录仪器（图 3.25）。

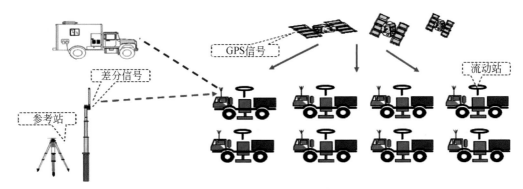

图 3.25　可控震源 GPS 组成图

后期处理时，可将震源组合中心的坐标作为测量成果，无需提前测量，从而实现无桩号施工。在一些因实地情况震源无法达到设计点位的震点，可以在附近选择合适的位置激发，增加施工灵活性，提高生产效率。

3. 无桩施工应注意的问题

使用震源组合中心坐标作为测量成果要求其精度必须满足测量要求：X 误差小于 40cm，Y 误差小于 40cm，高程误差小于 80cm（按照物探测量规范执行）；COG 偏离设计点位不大于 20m（小于 1/2 道距）；组内震源激发时间同步误差小于 100μs。在实际施工中，其精度受高大建筑物、茂密树木等因素的影响，若精度达不到要求的点位较多，则影响施工效率。在廊坊城区施工中针对震源信号精度问题主要采用两方面的措施：施工前，导航施工组专门开展了廊坊城区所有震源点的信号测试工作（图 3.26），针对信号较弱区域，安排测量组提前进行了实测。施工中，个别信号精度不达标的炮点，由带点解释员记录桩号，并做好油漆标识，由测量组补测。

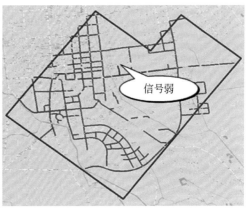

信号弱

图 3.26　廊坊城区信号检测

3.4.5　被动连续采集技术

在传统石油地震勘探中，仪器一般通过模拟电台进行记录系统与可控震源激发系统之间的通信。但是在城市、山地、密林等复杂地表区进行地震采集时一般会存在电台通信受限问题。常规的解决办法是增加中继站来保证通信顺畅。但是在城市施工时，尤其是在节点与有线联合采集模式下，仪器车的停点受到限制，只能在节点仪器和有线排列结合部停放，由于高大建筑物的遮挡，无论怎样增加中继站或者调整仪器停点，都不可避免地存在通信盲区，造成无法施工。在这种情况下，通过将有线仪器模拟为存储式节点工作模式进行连续采集，能够有效避开复杂地表激发系统和采集系统之间的通信问题。

1. 被动连续采集技术原理

被动连续采集技术类似于存储式节点采集仪器，当电瓶接通后，通过采集站自检后开始进入连续采集模式[8]。为了使得连续采集数据便于后期数据处理，需要在采集开始前预先设定每个数据体连续采集的时间长度，每完成一个预设时间长度的采集，输出一个 SEGD 文件，而且任意两个相邻文件之间无样点缺失，这样就是严格意义上的连续采集。采集过程中，激发和采集系统无需通信，二者是通过 GPS 授时保证系统之间的同步性；通过安装在激发源端的第三方设备记录每炮的激发时间和坐标信息，用于室内数据分选。一般做法为一台仪器连接有线排列做连续采集，用另一台仪器触发可控震源或者可控震源自主激发（图3.27）。

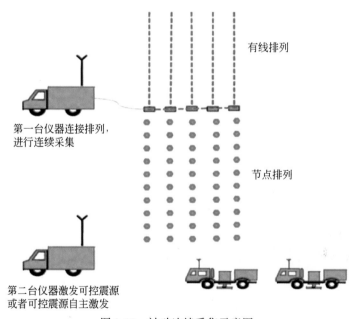

图 3.27　被动连续采集示意图

2. 被动连续采集技术应用

廊坊城区采用节点仪器和有线仪器混合接收的模式，在城区外围地表相对简单区域采用有线排列接收，在城区内地表复杂区域采用节点仪器接收。受有线排列限制，仪器车只能停在廊坊城区边缘。如果接收排列全部为节点时，震源采用自主激发无需仪器与震源之间通信；但城区大部分炮点需要同时用到节点和有线排列同时接收，必须建立震源和仪器的良好通信。受高楼大厦、雷达等设备的限制，城区内的部分炮点仪器与震源之间无法完成电台通信。

当炮点（图3.28中A炮点）距离分界大于项目采用的观测系统纵向最大偏移距时，接收排列为纯节点接收，有线仪器不参与工作，通过DSS（Digital-Seismic System）系统实现各组震源之间的交替扫描施工；当炮点（图3.28中B炮点）距离分界小于6km时，炮点接收排列涉及有线排列，震源采集前需要仪器预先进入被动连续采集模式，然后再进行采集工作。

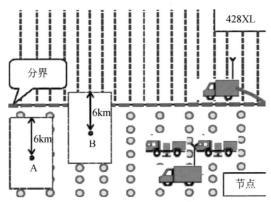

图3.28　廊坊城区节点与有线联合采集示意图

对被动连续采集的数据处理后，与常规采集的数据进行幅值和相位对比，以其中一道数据为例，分别提取常规采集和被动连续采集的样点真值。通过对比分析，两者采集的数据保持一致（图3.29）。

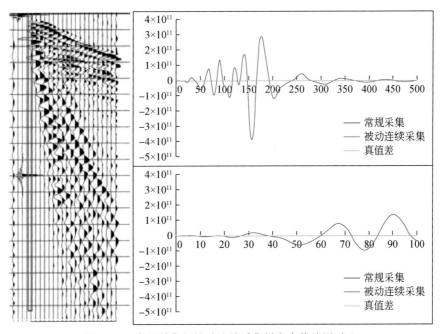

图3.29　常规采集与被动连续采集样点真值绘图对比

地震采集中排列的滚动周期一般在几天甚至几十天，要求排列具有较长的连续采集能力。当被动连续采集过程中出现电缆中断或者电瓶低电的情况时，可以通过电话告知震源暂停施工。同理当震源出现问题长时间不能进行采集时，通过电话告知仪器暂停连续采集，减少电瓶消耗和采集的数据量。

3.5　城市地震采集质量控制技术

城市勘探背景干扰严重，观测系统属性不均匀，得到好资料困难。面对复杂多变的地表条件，必须研究新的地震技术、方法和工艺，科学地制定野外采集质量监控措施，才能最大限度地消除或减少复杂地质因素对地震勘探采集效果的影响，确保复杂地表条件下地震勘探采集数据的质量。本节结合勘探技术的进步，提出与之相匹配的地震资料采集质量监控技术，包括检波器耦合技术、分时段施工技术、节点仪器质量监控技术、软件实时监控技术等。一系列配套技术的应用，提高了单炮资料的品质，使城区的三维采集取得了较好的勘探效果。

3.5.1　检波器耦合技术

检波器接收是采集系统的第一道工序，特别是检波器与地表的耦合将直接影响地震反射波记录的质量和品质。改进检波器与地表耦合的目的是使地震检波器具有高分辨率、抗干扰、不畸变地接收反射波。最好的耦合频率响应曲线是平直的，没有高频谐振现象；耦合较差时则有高频谐振现象；耦合最差时频率响应曲线为钟形，高频部分严重衰减。

检波器耦合是检波器在接收地震波的过程中与其相接触物质相互影响的一种关系，它包括与空气的耦合、与液体介质的耦合、与外界电磁场的耦合和与大地的耦合等[1]。其中前三种耦合，可使检波器在接收地震信号过程中产生有害的噪声干扰，在陆上勘探中一般要减弱或消除这种耦合关系；而最后一种耦合效应，则有利于检波器接收地震振动的有效信号。

检波器与大地的良好耦合，一方面是为了高保真地接收地震反射信号，提高地震记录分辨率和信噪比；另一方面是为了提高与大地的谐振频率，使谐振频率大于地震反射信号有效频率。

由检波器传输函数曲线（图 3.30）可知：在小于检波器自然频率 f_1 时，低频信号

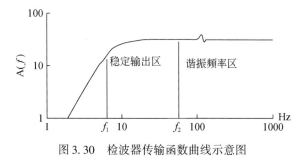

图 3.30　检波器传输函数曲线示意图

是按照一定陡度衰减的，可对面波等低频强能量进行压制，提高记录系统动态范围，一般压制曲线斜率为 6dB/OCT；当自然频率大于 f_2 时，是检波器产生谐振频率区，它通常使该区信号发生严重畸变，影响地震有效反射信号，我们应尽量提高它的频率；而在 f_1 与 f_2 之间的稳定输出段，是将地表质点振动的信号转换成具有足够优势信噪比带的工作区域。

从检波器不同埋置方式的单炮资料来看（图 3.31），检波器挖坑埋置时，其资料品质从能量、信噪比及频率上看均稍好于未挖坑而直接插实的资料品质。可见，在外界环境干扰严重或低信噪比地区，保证检波器的良好耦合至关重要。

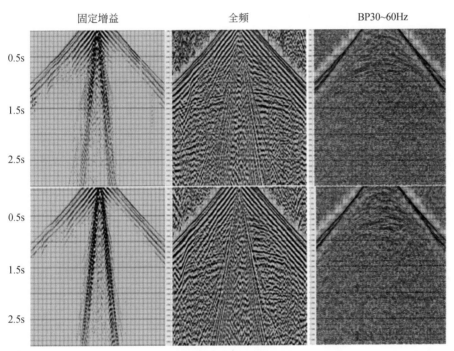

图 3.31　检波器不同埋置方式的单炮记录

上图为挖坑埋置，下图为未挖坑插实

另外，近年来，传统的挖坑埋置检波器方式也逐渐被采用专制工具打孔埋置所代替，这样不仅减少由于挖坑对检波器周围岩土固有特征的破坏，而且确保了耦合效果。从单炮资料对比分析来看（图 3.32），钻孔埋置资料的信噪比及频率稍好于挖坑埋置的资料品质。

在城市地震采集过程中，应根据地表的实际情况采用不同的方式埋置检波器[12]。例如，花坛、公园等有泥土压实的区域采用打眼器打孔埋置；疏松地表采用挖深坑埋置；硬化地表将检波器插置在木板上并用黏合剂固定于地表，以确保检波器的"平、稳、正、直、紧"（图 3.33）。

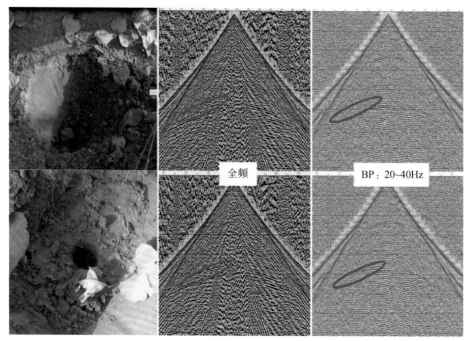

图 3.32　检波器不同埋置方式的照片及单炮资料

上图为挖坑埋置，下图为打孔埋置

图 3.33　检波器不同埋置方式的照片

3.5.2　分时段施工技术

城市中白天人为活动频繁，尤其在上下班时间，车辆、行人非常多，干扰就更加严重，夜间大多企业、工厂基本上都停工，所以夜间干扰相对较弱。根据城区不同时间采集的资料分析（图3.34），上午10点左右采集的单炮资料信噪比较高，而中午12点后上下班时间采集的资料信噪比明显较低，说明上下班时间干扰较强。因此针对不同时间段的干扰强弱、不同激发方式资料的信噪比、工农等问题，采用白天放井炮、夜间进行震源施工、避开上下班干扰高峰期等分时段激发措施。

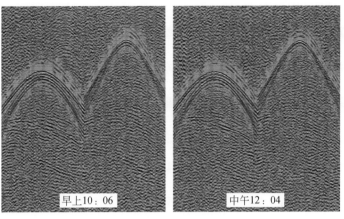

图 3.34　不同时间采集的单炮记录

3.5.3　节点仪器质量监控技术

1. 野外采集质量监控

由于节点仪器的工作特点，其质量控制方式也与有线仪器有着本质的区别。Hawk 仪器施工现场质量控制是后期数据合成的基础，核心要素如下。

（1）节点单元工作参数：设定的休眠时间段、开始采集时间以及采集关键参数满足施工设计要求。

（2）节点单元的布设：偏离设计检波点位置较远的检波点单元需要备注并提交给负责数据下载合成的操作员。

（3）节点单元工作状态：卫星信号质量、采集通路技术指标以及供电电源满足相应要求。Hawk 采集站有 4 个 LED 指示灯（BOX）用于指示采集站的工作状态（图 3.35）。四个 LED 灯为绿色、长亮表示采集站处于正常采集状态。

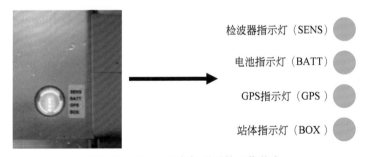

图 3.35　Hawk 节点仪器野外工作状态

节点仪器具有"盲采"的特点，即采集资料需要回收、下载、切分、合成后才能看到，野外无法实时监控采集资料品质。为了解决该问题，廊坊城区三维野外采集时在节点区域每隔一定的排列条数铺设 1 条有线排列（图 3.36），确保了每炮都可以实时监控外界干扰及单炮质量情况（图 3.37）。

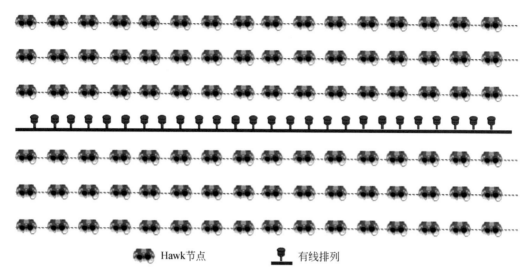

🚗🚗 Hawk节点　　　　　🔘 有线排列

图 3.36　廊坊城区三维 Hawk 节点区有线排列布设示意图

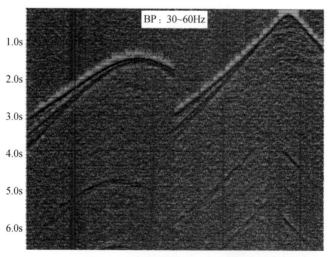

图 3.37　有线排列监控到的干扰

2. 数据合成质量监控

野外采集完成后，节点数据需要下载、切分、合成等步骤才能完成数据合成工作（图 3.38、图 3.39）。其质量控制关键点包括以下方面。

（1）采集站下载统计。按照下载批次保存已下载站体的信息，并给出丢失站的信息，确保记录的原始地震数据能够被全部下载。

（2）桩号拟合。确保所有采集站能够正确拟合至对应采集桩号。

（3）数据完好率的统计。按指定要求统计最终单炮记录的完好率并给出相应报告。

（4）时间检查。在有线节点混合采集时，数据切分时间异常会造成合成后的纪录时钟 TB（辅助道零时刻为起点的脉宽）异常，可以用辅助道时钟 TB 作为时间检查的主要依据。

（5）数据的备份。使用相关存储设备做好数据下载合成过程中的数据备份，防止因中间数据丢失，影响最终地震记录品质。

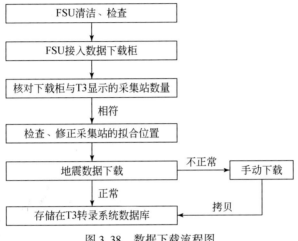

图 3.38　数据下载流程图

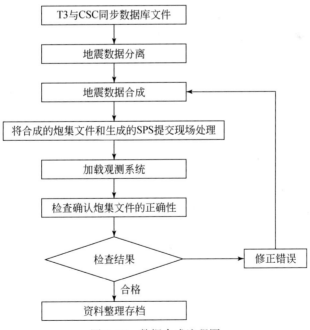

图 3.39　数据合成流程图

廊坊城区三维地震采集项目实施完成后，通过对合成后的单炮数据进行统计（图 3.40），全区节点不正常道比例为 0.86%，远低于行业标准 2% 的要求。

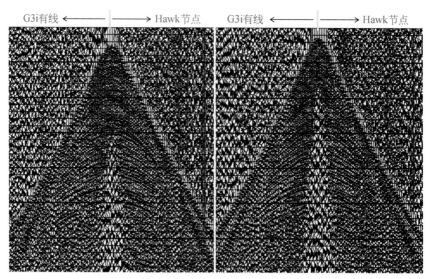

图 3.40　节点有线混合采集数据合成后的单炮记录

3.5.4　软件实时监控技术

随着"两宽一高"技术的推进，接收道数越来越多，采用传统的绘制单炮方式监控采集质量，一方面，由于道数多，绘制速度慢，影响放炮速度；另一方面，需要大量的绘图纸，提高了采集成本，不适用于高密度采集项目。目前野外采集质量主要通过软件进行监控，采集时，将软件与仪器主机连接在一起，自动接收施工的每一炮，自动从能量、频率、频宽、采集参数、辅助道、环境噪声、掉排列 7 个方面分析，自动评价，对于不合格炮实时报警，进行补炮，解决了传统野外地震采集现场不能全面、自动监控的难题（图 3.41）。

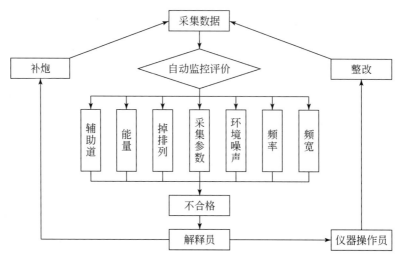

图 3.41　野外采集质量软件实时监控流程

当天的数据采集完成后，及时进行室内的二次精细评价，若发现有问题的单炮，及时分析原因，采取针对性补救措施（图3.42）。

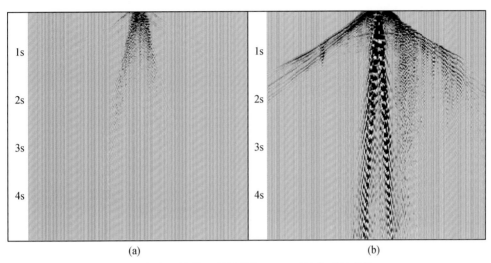

图 3.42　软件监控能量弱的单炮（a）及补炮后的单炮（b）

参 考 文 献

［1］邓志文，白旭明，等 . 2018. 富油气区目标三维宽频地震勘探新技术［M］. 北京：石油工业出版社 .

［2］邓志文，白旭明，唐传章，等 . 2007. 高精度城市三维地震采集技术［J］. 天然气工业，27（增刊A）：46～48.

［3］邓志文，等 . 2006. 高精度城市三维地震采集技术［M］. 北京：石油工业出版社 .

［4］石双虎，丁向晖，齐永飞，等 . 2017. 地震勘探安全距离的标定方法研究［J］. 地震工程学报，（1）：186～190.

［5］王光德，王新丽，刘志刚 . 2012. PPV 测试在可控震源施工中的应用［J］. 物探装备，22（6）：381～384.

［6］丁冠东等 . 2018. 微地震采集技术在复杂城区地震采集中的应用［C］//石油地球物理勘探编辑部 . CPS/SEG 北京 2018 国际地球物理会议暨展览电子论文集 . 北京：《中国学术期刊（光盘版)》电子杂志社：44～47.

［7］陆伟刚，赵亚军，王涛，等 . 2014. Hawk 节点与 428XL 仪器的联合采集［J］. 物探装备，24（4）：220～222.

［8］裴晓明，李红路，杨静，等 . 2015. 陆地节点仪器高密度施工技术适应性探讨［J］. 物探装备，25（6）：351～355

［9］夏颖，王艳，孙乐意，等 . 2012. 源驱动技术在 428XL 仪器井炮生产中的应用［J］. 物探装备，23（3）：141～144.

［10］肖虎等 . 2017. 可控震源轨迹导航技术及应用［C］//石油地球物理勘探编辑部 . 2017 年物探技术研讨会论文集 . 天津：石油地球物理勘探编辑部：1041～1044.

［11］雷乾坤，聂明涛，唐丹秋，等 . 2016. 无桩号施工技术在石油地震勘探中的应用［J］. 工艺技术，

（2）：50～52.

［12］张以明，白旭明，唐传章，等．2008．城（矿）区高精度三维地震采集技术［J］．中国石油勘探，29（2）：29～36.

第4章 城市三维地震资料处理技术

4.1 城市三维地震原始资料分析及面临的主要问题

城市三维采集通过针对性的观测系统设计、激发与接收方案的实施，获得了城区较高品质的原始地震资料，填补了城区地下资料的空白，为城市油气勘探提供了资料基础。但由于城市三维地表条件的复杂性，野外采集采用特殊观测系统、混源激发、混合接收等方式，导致城市三维地震资料在数据采样均匀度、信噪比、能量、子波一致性等方面存在某些问题，需做好处理工作，采取对城市三维有针对性的处理参数及处理流程，才能取得良好的处理效果。

4.1.1 采集参数分析

受城市特殊地表条件限制，规则观测系统难以实施，必须采用特殊观测系统才能获取城区地下基础地震资料。具体包括特殊观测系统的设计、炮检点的优化布设、炸药与可控震源的互补激发、有线与节点仪器混合接收等。

以冀中廊坊城市三维为例，城市与其周边区域采集因素见表4.1。

表4.1 冀中廊坊城市与城市周边区采集因素对比表

类别	城市周边三维采集	城市三维采集
观测系统类型	44L×4S×200R 正交	88L×4S×200R 正交、加密小排列
覆盖次数/次	480	800
接收道数	8800	17600
接收线距/m	200	100
覆盖密度/(万道/km^2)	76.8	128
激发方式	炸药震源激发	炸药与可控震源联合激发
接收方式	Hawk 节点	Hawk 节点与 G3i 联合接收

通过表4.1可知，为了最大限度减少城市复杂地表障碍物对地震资料的影响，城市采集相对于城市周边采集在覆盖次数、排列接收道数、炮点激发方式等采集因素方面做了强化，采集参数的强化对于提高城市地震资料品质意义重大，但由于城市本身的特殊性，城市较其周边采集资料品质也存在明显差异（图4.1）。主要体现在以下三个方面：

（1）城市特殊观测系统的影响，导致城市内炮检点布设不均匀，覆盖次数存在明显差异。

• 城市内炮点
。城市周边炮点

图 4.1 城市内炮点布设图

（2）由于城市内采用炸药震源与可控震源混合激发的方式，地震子波一致性存在差异（图 4.2）。

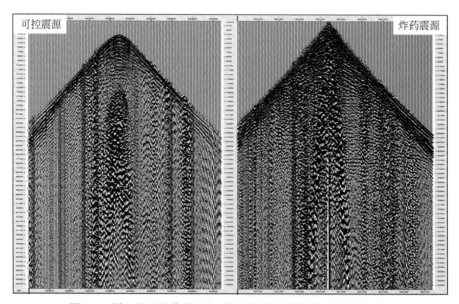

图 4.2 同一位置炸药震源与可控震源振幅级别统一后单炮对比

（3）城市内建筑物多、小药量激发或者少台次可控震源激发，使得原始资料深层激发能量不足，明显弱于城市周边资料（图 4.3）。

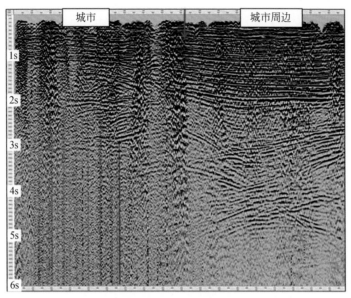

图 4.3　城市区与城市周边资料初叠加剖面效果对比

4.1.2　干扰波特征分析

在正式处理之前，必须对原始地震数据中的各种噪声进行认真分析。城市周边地震采集噪声类型主要为面波、声波、浅层折射等常规干扰。由于工业化、城市化进程发展迅速，在城市内采集得到的地震信号常规干扰明显加强，另外，50Hz 工业电、油井、铁路、工厂固定源干扰等这一类特有干扰也异常严重（图 4.4、图 4.5），并且城市干扰源的频谱范围与有效信号频带重叠（图 4.6），这些均是影响地震资料品质的主要因素。

（1）50Hz 工业电干扰：一般影响频宽范围为 50Hz。

（2）油井干扰：一般影响频宽范围为 5～10Hz，一般抽油机附近也存在 50Hz 干扰。

（3）铁路干扰：一般影响频宽范围为 5～15Hz。

（4）工厂固定源干扰：一般为机械生产干扰，影响频宽范围为 5～25Hz。

城市区采集资料各类噪声发育，信噪比较城市周边明显偏低（图 4.7）。

4.1.3　资料能量分析

影响原始单炮能量的因素主要有以下几个方面：震源强度及耦合情况（包括炸药震源药量及可控震源台次）、接收条件变化（如地表情况、检波器组合情况）、地震波传播过程中大地滤波的吸收衰减情况（图 4.8）。

在城市障碍物密集区，通常会采用可控震源辅以小药量炸药震源激发。通过同一位置可控震源与炸药震源对比（图 4.9）可以发现，小药量（2kg）激发会造成激发能量弱，可控震源激发更弱。

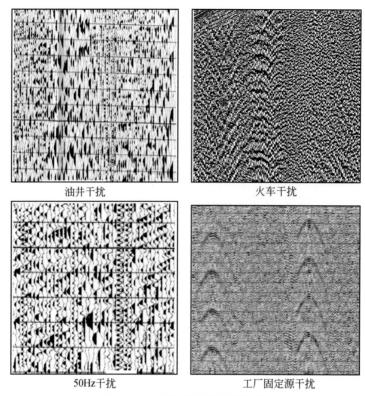

油井干扰　　　　　　　　　火车干扰

50Hz干扰　　　　　　　　工厂固定源干扰

图4.4　城市采集特殊干扰类型

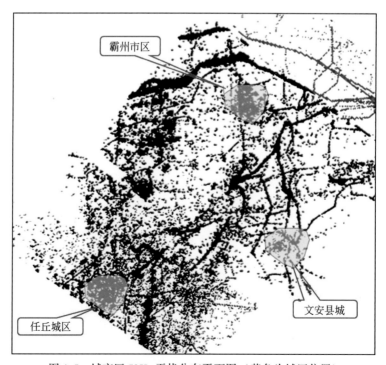

图4.5　城市区50Hz干扰分布平面图（黄色为城区位置）

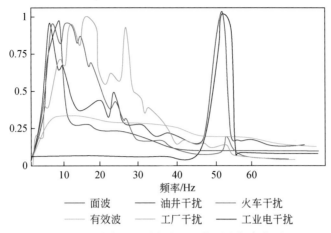

图 4.6　城市地震采集特殊干扰影响频率范围

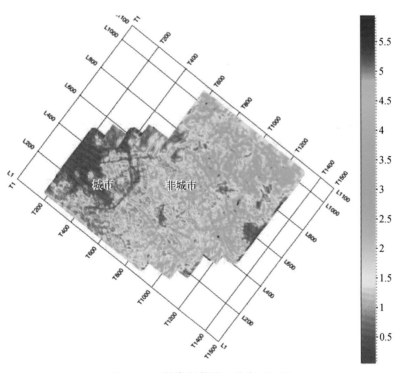

图 4.7　原始资料信噪比分布平面图

　　图 4.10 是冀中廊坊城市及周边三维原始单炮能量分布平面图。其中黄色为采用可控震源激发所获得单炮的能量显示，其能量明显低于周边炸药震源激发单炮（红色）的能量。

　　小药量激发、可控震源少台次激发等，造成原始单炮激发能量在时间和空间上明显低于城市周边三维单炮能量。城市区尽管覆盖次数高，但整体能量弱，尤其是深层的衰减问

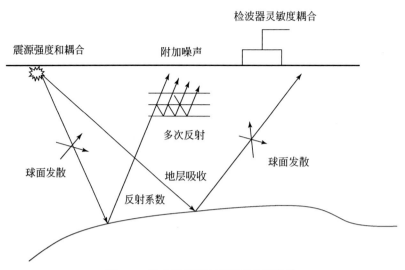

图4.8　影响地震资料振幅的因素[1,2]

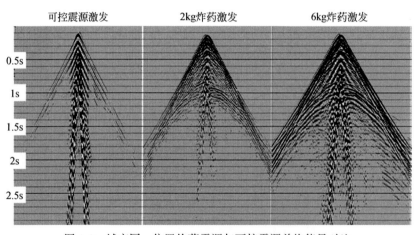

图4.9　城市同一位置炸药震源与可控震源单炮能量对比

题严重。导致城市与其周边地震资料的横向能量差异明显（图4.11）。

如何解决城市勘探中震源不同、地表条件不同、大地吸收衰减导致的时间和空间上的能量差异，使地震波波形、振幅等特征变化能够真正反映地下介质的变化，而不受地表条件变化的影响，以保证储层预测的准确，是城市三维地震资料处理需要解决的一个难题。

4.1.4　子波一致性分析

可控震源为长扫描激发，其子波为零相位；而炸药震源是脉冲激发，其子波为最小相位。两种震源激发子波存在差异，如图4.12。

如图4.13所示，通过极性分析，可控震源单炮与炸药震源单炮存在极性不一致的情况。

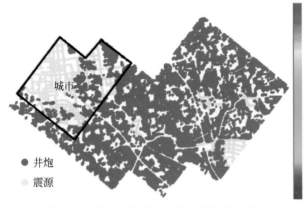

图 4.10　冀中廊坊市区及周边单炮能量分析

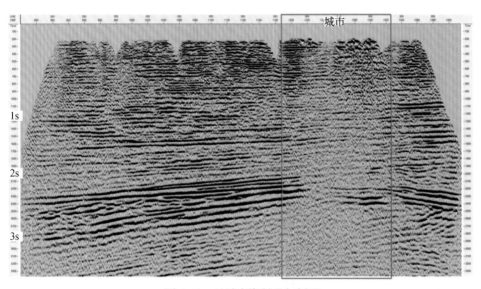

图 4.11　过城市资料叠加剖面

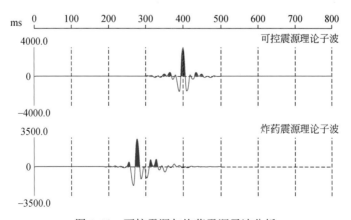

图 4.12　可控震源与炸药震源子波分析

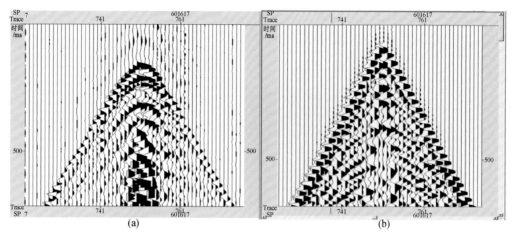

图 4.13　可控震源（a）与炸药震源（b）单炮极性对比

通过频率分析（图 4.14）可以看到，炸药震源与可控震源在频率上差异较大。由于低频可控震源对城市内楼房等障碍伤害较大，距离障碍物较近时，可控震源激发单炮往往低频缺失严重，在后期需要进行子波整形技术来进一步消除其子波差异，对于低频不足的可控震源激发数据可通过低频补偿技术来丰富该部分有效信息。

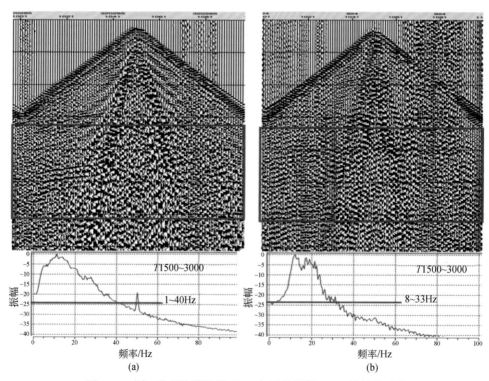

图 4.14　同一位置炸药震源（a）与可控震源（b）的频谱对比

图 4.15 是廊坊城市三维原始地震资料叠加剖面分析。从图中可见，城区可控震源激发叠加剖面与城市周边炸药震源激发叠加剖面在振幅特征、频率上存在明显差异。

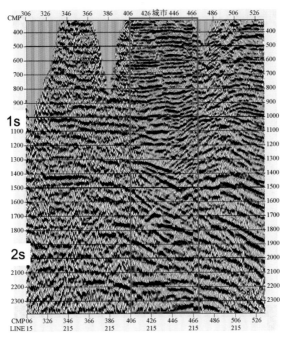

图 4.15 过城市测线可控震源（红框区域）与炸药震源剖面分析

4.2 城市三维资料处理思路及关键技术

4.2.1 城市三维地震资料处理思路

针对城市三维地震原始资料特点及面临的主要问题，室内主要分为两个层次来开展城市三维资料处理，一是城市三维单块攻关处理，二是城市与其周边三维连片处理。

城市三维单块攻关处理是在常规三维处理流程的基础上，重点突出城市特殊噪声压制、混源激发子波一致性处理、低频能量补偿、五维数据规则化处理、OVT 域处理等，其目的是最大程度提高城市三维地震资料处理成果品质（图 4.16）。

城市与周边三维资料整体连片处理，强调数据一致性处理、一体化速度建模、连片偏移成像等，最终目的是构建城市区与周边三维整体地震数据平台（图 4.16）。

4.2.2 城市三维地震资料处理关键技术

1. 城市特殊干扰压制技术

前文已述，城市三维采集中除面波、声波、浅层折射等常规干扰外，还有城市铁路、公路等便捷交通工具造成的异常振幅干扰，工厂林立产生的严重固定源干扰，电网发达导致的 50Hz 工业电干扰。下面重点介绍这几种城市内典型噪声的压制技术及方法。

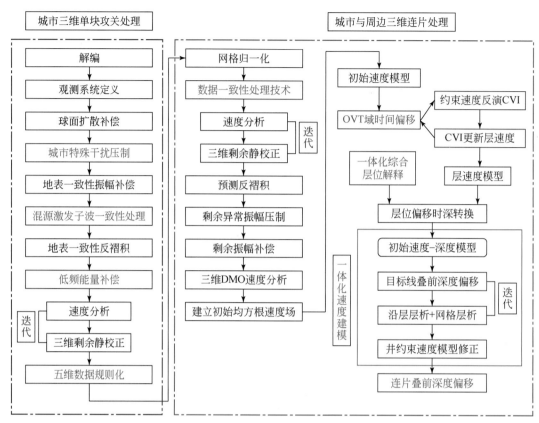

图 4.16　城市三维地震资料处理基本流程

1）铁路干扰压制

针对城市内铁路穿过产生的异常干扰（图 4.17），通常采用异常振幅衰减技术来进行压制。

异常振幅衰减是根据"多道识别、单道去噪"的思想，在不同的频带内自动识别地震记录中存在的强能量干扰，确定出噪声出现的空间位置，根据定义的门槛值和衰减系数，采用时变、空变的方式给予压制。计算使用的识别参量为数据包络的横向加权中值，这种分频处理方法可以提高去噪的保真程度。

2）50Hz 工业电干扰压制

针对城市内电网密布而产生的 50Hz 工业电干扰，采用扫描法单频干扰压制技术。

该技术用于压制地震记录上的单频干扰，即频率、振幅和时延稳定不变的干扰波。其提供了两种单频干扰的估算方法：扫描法和 Chirp-Z 变换法。扫描法使用快速频率扫描和快速时延扫描估算单频干扰的频率和时延，而 Chirp-Z 变换法使用 Chirp-Z 变换方法来估算单频干扰的频率和时延。

该技术首先通过分析得出需要去除的单频，然后利用扫描法或 Chirp-Z 变换法估算出地震数据上指定频率的单频干扰，并将其从原始地震道中减去，从而得到去除单频干扰后的地震记录。

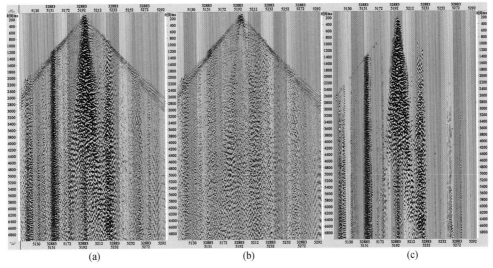

图 4.17　铁路干扰去除前（a）后（b）及噪声（c）单炮

处理结果如图 4.18 所示，可以看到红色区域中的 50Hz 干扰得到了有效压制。单频压制前后的频率变化如图 4.19 所示，通常在单频干扰压制前建议进行频率分析。

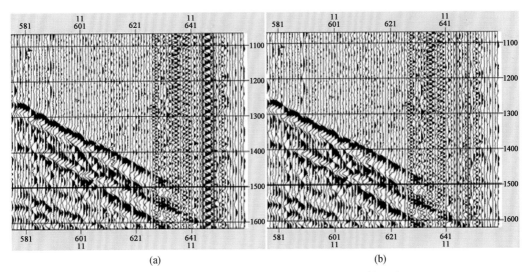

图 4.18　50Hz 工业电干扰压制前（a）后（b）剖面对比

3）固定源干扰压制

针对城市内工厂作业、抽油机等产生的固定源干扰，采用自适应固定源去噪方法压制。自适应固定源去噪方法主要采用在炮集上将固定源噪声的同相轴校正拉平，在 F-K 域将分离出来的噪声进行压制，然后将去噪后的道集反动校正，达到压制固定源干扰的目的。

从冀中廊坊城市地震数据噪声去除前后的时间切片对比可知（图 4.20、图 4.21），通过对城市特有噪声的针对性去除，城市地震资料信噪比有了较大的提高，保证了城市资料的品质。

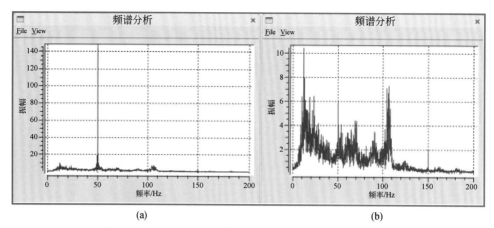

图 4.19　50Hz 工业电干扰压制前（a）后（b）频谱对比

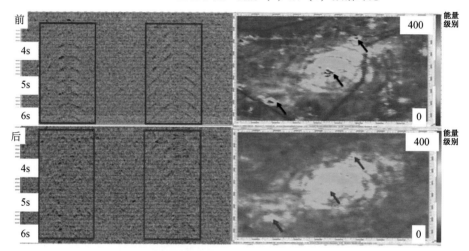

图 4.20　城市内固定源去噪前后单炮及平面图

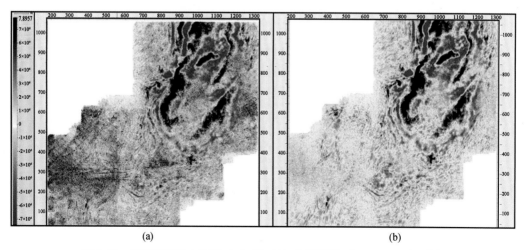

图 4.21　城市内噪声去除前（a）后（b）时间切片（$T=2500\text{ms}$）对比

2. 混源激发子波一致性处理技术

由于激发震源不同，得到的地震资料存在振幅、频率、相位等不一致的问题，经过能量级别统一、振幅一致性处理、最小相位化处理、匹配滤波处理等技术手段能够逐步解决子波一致性问题。具体流程如下：

1）可控震源最小相位化处理

如前文所分析，可控震源激发的为零相位子波，而炸药震源为最小相位的，其相位不一致，而反褶积理论模型是针对子波为最小相位来计算的。通过其他手段，如子波整形处理，并不能保证处理后的可控震源子波就是最小相位，会影响反褶积效果，所以对可控震源资料首先进行最小相位化来保证反褶积等处理流程的正确是必要的（图 4.22）。

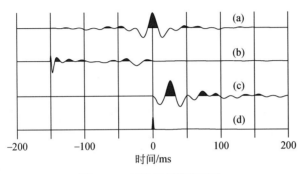

图 4.22　子波及反褶积对比

（a）可控震源零相位子波；（b）可控震源零相位子波反褶积结果；
（c）零相位子波最小相位化结果；（d）最小相位子波的反褶积结果

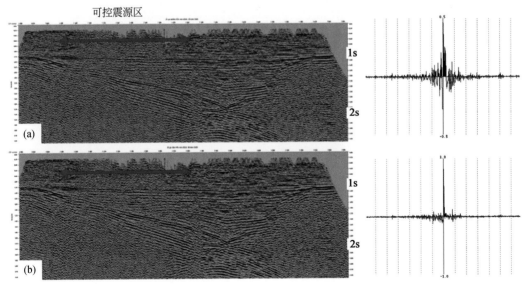

图 4.23　可控震源资料最小相位化前后拼接剖面及可控震源子波对比

（a）最小相位化前；（b）最小相位化后

　　通过图 4.23 可以看到经过最小相位化后，可控震源区与炸药震源区相位保持一致，均为最小相位，为城市与周边三维资料进行拼接奠定了基础。

　　2）可控震源区与炸药震源区的振幅一致性处理（图 4.24）

　　（1）炮域叠前系列去噪：可控震源与炸药震源差异化去噪，消除后期振幅处理中噪声的影响。

　　（2）可控震源与炸药震源振幅级别统一：采用整炮方式统计振幅，根据振幅期望输出逐炮进行能量调整，并不改变炮内振幅关系，为保幅处理，通过此方法，可以将能量级别差异较大的可控震源单炮与炸药震源单炮调整至同一级别，以便于下一步振幅处理。

　　（3）时间与空间上的振幅处理：首先，充分考虑地震波在传播时球面发散及地层的吸收影响对振幅的衰减，采用球面扩散补偿来对时间上的衰减进行振幅恢复，使浅中深层能量保持一致；其次，考虑到由于地表条件以及激发接收条件的变化对炮点响应、接收点响

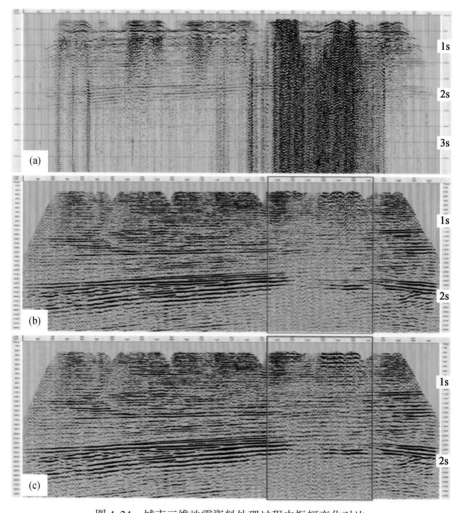

图 4.24　城市三维地震资料处理过程中振幅变化对比

（a）原始叠加剖面；（b）经过系列去噪、可控震源与炸药震源振幅级别统一后，
时间与空间上振幅处理后的剖面；（c）再次对震源进行能量调整的剖面

应、炮检距响应以及共中心点响应的综合反映，进行四分量的地表一致性振幅补偿处理，充分解决地震资料能量在空间上的差异。

（4）CMP 域叠前系列去噪：进一步净化道集，去除干扰。

（5）再次应用地表一致性振幅补偿进行处理，从而保持可控震源与炸药震源区能量的相对均衡。

通过以上步骤，城区可控震源与炸药震源的振幅一致性差异基本消除。

3）匹配滤波技术处理

在基本解决了振幅问题和可控震源资料的相位问题后，可控震源与炸药震源的子波仍然存在一定的差异，这种差异更多地表现在频率及剖面特征上，需要进一步的子波处理技术来解决。

子波一致性处理常用改变反褶积的预测步长（针对不同区块资料的分辨率选择不同的预测步长）、匹配滤波法解决子波的一致性问题，其中以匹配滤波法效果最佳。匹配滤波利用重复地震道（可分别称为原始道和目标道）设计匹配滤波算子，然后对原始道进行匹配滤波使其最大限度地接近目标道。设原始地震数据道的地震子波为 $x(t)$，目标地震数据道的地震子波为 $y(t)$，匹配滤波算子为 $a(t)$，则应有以下关系：

$$x(t) \times a(t) = y(t) \tag{4.1}$$

转换到频率域，即为

$$X(f) \cdot A(f) = Y(f)$$

应用最小平方法求解匹配滤波算子的托布里兹矩阵方程，即

$$R_{xx} \cdot A = R_{xy} \tag{4.2}$$

式中，R_{xx} 为原始地震数据道的自相关函数矩阵；R_{xy} 为原始地震数据道 $x(t)$ 与目标地震数据道 $y(t)$ 的互相关函数矩阵；A 为匹配滤波算子向量。求解式（4.2）即可得到匹配滤波算子 A 即 $a(t)$，再用确定的匹配滤波算子对原始道数据滤波即可完成匹配滤波，从而实现子波一致性处理。

通过上述匹配滤波计算方法，求取可控震源向炸药震源匹配的滤波算子，匹配滤波应用前后效果如图 4.25 所示。

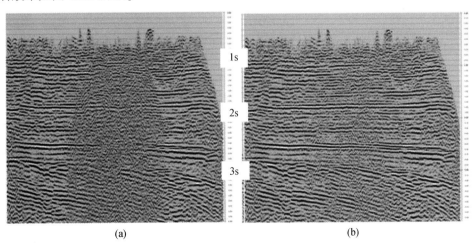

图 4.25　匹配滤波前（a）后（b）叠加剖面对比

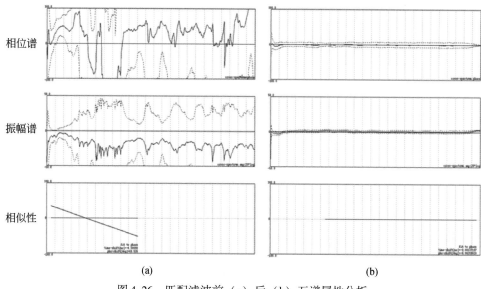

<table>
<tr><td></td><td>(a)</td><td>(b)</td></tr>
</table>

图 4.26　匹配滤波前（a）后（b）互谱属性分析

通过叠加剖面以及匹配前后的相位谱、振幅谱、相似性等属性分析（图 4.26），可以看到：应用匹配滤波后可控震源与炸药震源的子波基本达到一致，满足了地震资料后续处理的要求，成功地解决了可控震源与炸药震源之间的能量差异、相位差异以及频率差异等，较好地保证了混源激发区地震资料的子波一致性。

3. 低频能量补偿技术

由于低频信息在地震反演方面具有举足轻重的作用，低频信息的缺失往往造成地震反演的结果不真实，丰富的低频信息是基于低频信息油气预测等应用的基础；同时，地震勘探中的低频成分相对高频而言衰减慢，穿透力强，更有利于深部地层的成像，丰富的低频有利于提高资料的分辨率，有利于对盆地基底构造和与之相关的超覆、尖灭等地质现象的研究。

早期震源低截频率为 6Hz，造成地震资料低频缺失。目前随着采集技术的进步，可控震源的最低扫描频率已经从 6Hz 降低到了 1.5Hz，从原始资料上填补了低频端的缺失，但是城市勘探中由于障碍物距离较近，出于对建筑物的保护，震源出力受到限制，激发的信号往往较弱，并且低频能量在接收过程中会有不同程度的损失，尤其是 10Hz 以下的地震信号信噪比较低，直接影响城市资料波形反演的效果。这部分损失的低频能量需要进行必要的低频补偿处理，以便充分发挥低频信息的作用。

目前低频能量补偿一般采用基于可控震源扫描信号的低频补偿方法（图 4.27），以低频震源扫描信号的子波在低频端的特性为约束条件，充分考虑可控震源的输出子波特性，对原始数据的低频进行合理补偿。

相对于实际地震资料，扫描信号的子波较实际地震子波拥有更丰富的低频信息，本方法利用从地震资料提取的实际子波与扫描信号生成的理论子波进行匹配处理，求得整形因子，应用于实际地震资料，实现低频补偿的处理。

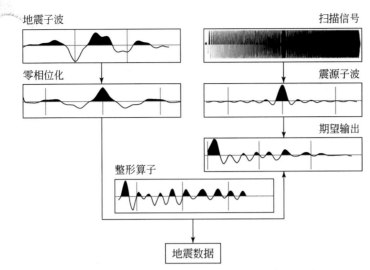

图 4.27　基于可控震源扫描信号的低频补偿处理流程

通过低频补偿前后的剖面（图 4.28）来看，低频补偿之后，整体低频能量有所增强，对深层尤其是基底部分识别更加清晰，突出了潜山内幕，低频信息丰富，频带更宽，为储层预测提供了有力保障。

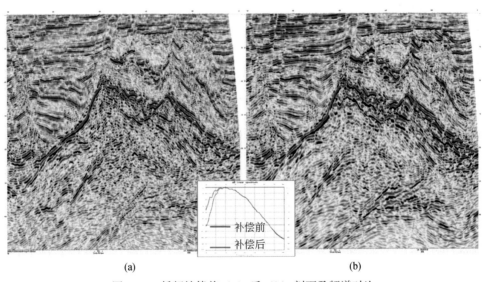

图 4.28　低频补偿前（a）后（b）剖面及频谱对比

4. 五维数据规则化技术

城市三维地震施工因地表障碍多，观测系统变化大，炮检波点布设不规则，导致面元中心位置偏离及覆盖次数不均匀（图 4.29），解决该问题的有效方法是五维数据规则化技术。

五维是指地震数据可以在 5 个维度上进行分析，可以描述为：①炮点的 x、y 坐标，

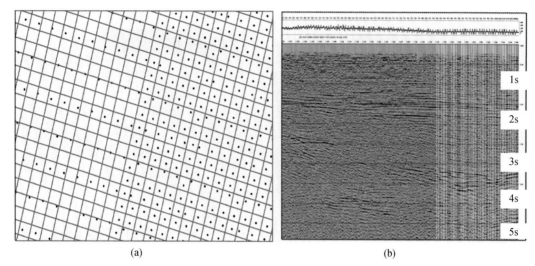

图 4.29　面元中心位置偏离（a）及覆盖次数不均引起的空道现象（b）

接收点的 x、y 坐标，时间或深度；②炮检中点的 x、y 坐标，炮检距，方位角，时间或深度；③炮检中点的 x、y 坐标，炮检距在 x、y 方向的投影，时间或深度。分别在不同方向应用低维算法串联处理不能有效地利用信息（尤其是陆上宽方位采集的发展），因此，对五维（5 个方向同时进行）数据规则化方法的需求应运而生。

对于不规则数据来说，不仅仅是 FFT 不再适用，本质上是存在非正交基导致的能量泄露，因此规则化的过程就是一个反泄露的过程（图 4.30）。

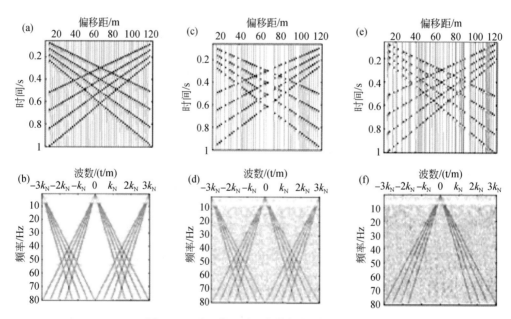

图 4.30　基于傅里叶重构数据规则化的内涵

（a）线性均匀采样；（c）均匀抽道；（e）随机抽道；（b）（d）（f）是（a）（c）（e）相应的基于傅里叶重构数据规则化

地震数据规则化是一个用来重新估计傅里叶系数的过程，即将原本不规则变换的傅里叶变换基函数变换成规则傅里叶变换的基函数（图 4.31）。

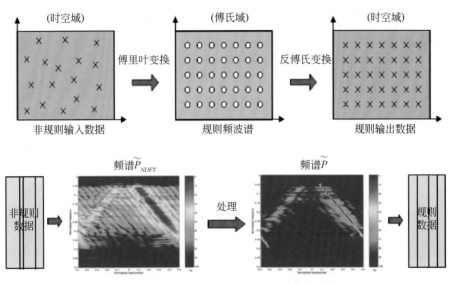

图 4.31　基于傅里叶重构数据规则化的思路

其具体原理为：实际处理的地震记录可看成一个大小为 $M×N$ 离散二维数据阵列，其傅里叶变换可用下面公式表示。

离散傅里叶变换：

$$F(u,\ v) = \sum_{x=0}^{M-1} \sum_{y=0}^{N-1} f(x,\ y)\, e^{-j2\pi\left(\frac{ux}{M} + \frac{vy}{N}\right)} \qquad \begin{matrix} u = 0,\ 1,\ 2,\ \cdots,\ M-1 \\ v = 0,\ 1,\ 2,\ \cdots,\ N-1 \end{matrix} \qquad (4.3)$$

离散傅里叶逆变换：

$$f(x,\ y) = \frac{1}{MN} \sum_{u=0}^{M-1} \sum_{v=0}^{N-1} F(u,\ v)\, e^{j2\pi\left(\frac{ux}{M} + \frac{vy}{N}\right)} \qquad \begin{matrix} x = 0,\ 1,\ 2,\ \cdots,\ M-1 \\ y = 0,\ 1,\ 2,\ \cdots,\ N-1 \end{matrix} \qquad (4.4)$$

在实际地震资料处理中，通常选择方形面元，即 $M=N$。另外傅里叶变换和傅里叶逆变换对具有平移性，具体是指：

$$F(u - u_0,\ v - v_0) \Leftrightarrow f(x,\ y)\, e^{j2\pi\left(\frac{u_0 x + v_0 y}{N}\right)} \qquad (4.5)$$

$$f(x - x_0,\ y - y_0) \Leftrightarrow F(u,\ v)\, e^{-j2\pi\left(\frac{u x_0 + v y_0}{N}\right)} \qquad (4.6)$$

由 $f(x,\ y)$ 乘以指数项，并取其乘积的傅里叶变换，使频率平面的原点位移至 $(u_0,\ v_0)$。同样地，以指数项乘以 $F(u,\ v)$ 并取其反变换，将空间域平面的原点位移至 $(x_0,\ y_0)$。通过傅里叶变换及傅里叶逆变换利用其平移性，就实现了地震记录的面元中心化。

五维数据规则化不仅实现了面元中心化，而且补充了城市炮检点分布不均造成的面元分布不均的问题（图 4.32、图 4.33），城市及周边地震资料品质得到提高，为地震资料偏移成像提供了基础。

5. OVT 处理技术

基于 OVT 的处理已经是宽方位数据处理的基本流程，由于城区采集相对于其他区域

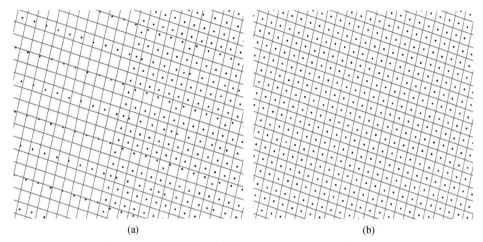

图 4. 32　五维数据规则化前（a）后（b）面元位置对比

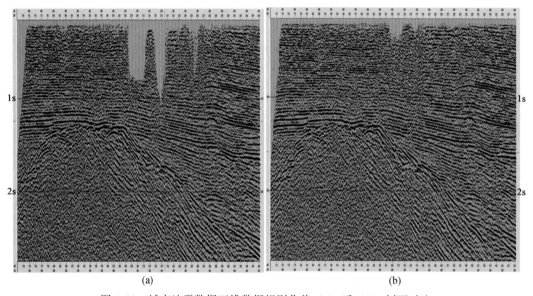

图 4. 33　城市地震数据五维数据规则化前（a）后（b）剖面对比

采集方位角更宽，更具备开展 OVT 处理的条件，通过相关的 OVT 处理，可以获得包含方位各向异性等信息的处理结果，有效进行裂缝分布规律的研究及预测。

传统意义的分方位处理技术：

（1）分方位角偏移，宽方位角地震勘探能够增加采集的照明度，获得完整的地震信息；

（2）宽方位角地震勘探比窄方位角勘探的成像分辨率高；

（3）宽方位角成像的空间连续性优于窄方位角；

（4）通过研究振幅随炮检距的方位角的变化，使断层、裂缝和地层岩性变化的可识别性提高；

（5）宽方位角地震勘探有利于压制近地表散射干扰，能提高资料的信噪比。

通过对比实际资料的处理效果表明，根据不同的方位结果分辨储层信息的差异，能够预测裂缝发育方向与发育密度。

OVT 是不同于常规处理方法的新技术，它可能不是唯一保存方位角信息的方法，但它提供的有效而精确的数据域可用于去噪、插值、规则化、成像、各向异性、AVO/AZAVO 和岩石属性反演等常规处理。该技术大致分为四个步骤：数据准备、OVT 域处理、OVT 域偏移、OVG 道集处理。具体的实施流程如图 4.34 所示。

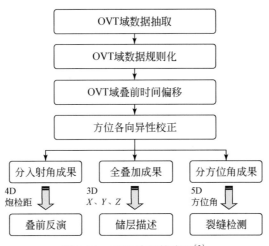

图 4.34　OVT 处理的流程[3]

OVT 处理技术在廊坊城市进行了应用，并取得了较好效果，OVT 资料时间切片刻画构造形态更清楚，分辨率更高。相干切片断裂平面展布特征清楚，对断裂复杂带刻画更细致，局部小断层延伸长度、交切关系更清晰（图 4.35、图 4.36）。

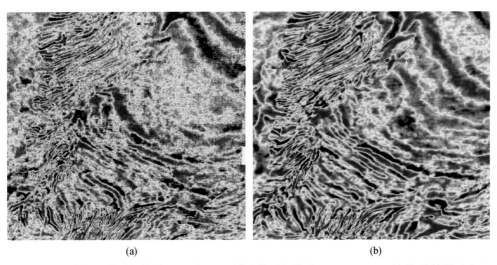

(a)　　　　　　　　　　　　　(b)

图 4.35　常规叠前时间偏移（a）与 OVT 域叠前时间偏移（b）1100ms 时间切片效果对比

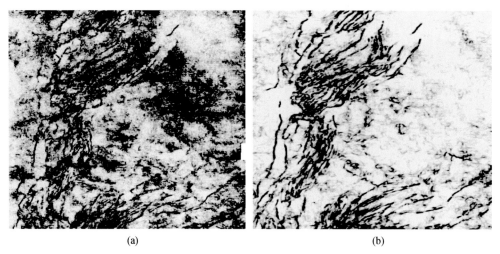

图 4.36　常规叠前时间偏移（a）与 OVT 域叠前时间偏移（b）1100ms 相干切片效果对比

4.3　城市及周边三维地震资料连片处理技术

城区采集资料一般面积相对较小，为了确保地下构造完整性还需要考虑与周边三维资料连片处理。考虑到城市三维与城市周边三维资料的差异性、整体数据平台的完整性和统一性，连片处理需重点关注数据一致性处理、一体化速度建模、连片偏移成像等。

4.3.1　数据一致性处理技术

在三维连片数据处理中，由于采集时间、采集技术、采集方法等不同，地震资料在静校正、面元、振幅、频率、相位方面都存在很大的差异，连片数据一致性处理技术主要解决地震资料在以上方面存在的差异，保证资料的无缝融合。总的来说，连片数据一致性处理技术主要包括静校正统一处理、子波一致性处理、面元归一化处理、振幅一致性处理等[4]。

1）连片近地表统一建模技术

在静校正建立统一的近地表模型时，要保证"统一基准面、统一替换速度、统一表层结构、统一计算方法"四个统一，确保连片资料近地表模型的一致性（图 4.37），解决好不同区块资料的闭合以及资料中的中、长波长静校正问题。

2）子波一致性处理技术

与城市勘探混源激发一致性处理技术类似，采用匹配滤波技术来保证连片资料的子波一致性。选取一个基准区块，将其他区块向基准区块靠拢，进行匹配滤波处理，保证各区块子波的一致性，应用效果如图 4.38。

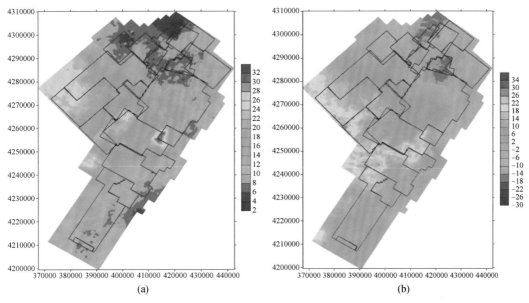

图 4.37　连片各区块近地表结构模型平面图——低降速带厚度（a）检波点校正量平面图（b）

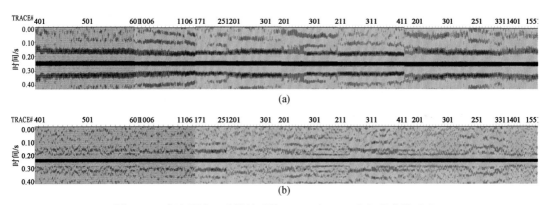

图 4.38　连片子波一致性处理前（a）后（b）自相关曲线对比

3）连片剩余振幅处理技术

由于城市与周边连片资料覆盖次数差异较大，会导致偏移画弧现象。应用基于覆盖次数的振幅归一化处理技术，可以对各个工区的能量进行一致性处理，消除覆盖次数不一与能量差异导致的偏移噪声。基于覆盖次数的能量调整是通过均方根振幅和覆盖次数在叠加数据体上的相关分析来求取归一化因子，然后利用该因子对地震数据来进行振幅归一化处理。

其具体原理如下：

首先，假设覆盖次数和均方根振幅之间是具有线性关系的：

$$A = A_0 + K \cdot N \tag{4.7}$$

式中，A_0 为一种均方根振幅，可称为直线的截距；K 为直线的斜率；A 为均方根振幅；N 为覆盖次数。

然后，求取线性关系中的截距和斜率。为了求取截距和斜率，先计算每一地震道的均方根振幅：

$$A_j = \frac{1}{L} \sum_{j=1}^{L} (X_i^2) \qquad (4.8)$$

式中，$i = 1, 2, \cdots, L$；L 为某一地震道分析时窗内的总样点数；X_i 为该地震道分析时窗内第 i 个样点的振幅值；j 为地震道序号；A_j 为第 j 个地震道的均方根振幅。

然后通过线性拟合，可以计算出均方根振幅和覆盖次数的线性关系：

$$A_i = A_0 + m \cdot N_i \qquad (4.9)$$

计算出线性关系中的斜率 m 和截距 A_0 后，进而可以计算出每一道的相关质量因子 H_i：

$$H_i = A_f'/A_f \qquad (4.10)$$

这里，

$$A_f' = m \cdot N_n \qquad (4.11)$$

$$A_f = A_0 + m \cdot N_n \qquad (4.12)$$

式中，m 为线性关系中计算的斜率；N_n 为参数中给定的归一化覆盖次数级别值；A_0 为线性关系中计算的截距。

最后，利用这种线性关系中求得的斜率和截距来计算每一地震道的唯一归一化因子，这里有两种计算归一化因子的方法：

（1）如果用户已经给定了归一化振幅级别值，则归一化因子按照下式计算：

$$s_t = A_s/A_t \qquad (4.13)$$

式中，A_s 为用户给定的归一化振幅级别值，$A_t = A_0 + m \cdot N_t$，A_0 为线性关系中计算的截距，m 为线性关系中计算的斜率，N_t 为地震道的覆盖次数。

（2）如果应用归一化覆盖次数级别值进行归一化，则应用下式来计算归一化因子：

$$s_t = A_n/A_t \qquad (4.14)$$

式中，$A_n = A_0 + m \cdot N_n$，N_n 为参数中给定的归一化覆盖次数级别值。然后应用求取出的振幅归一化因子来进行振幅归一化调整。

通过图 4.39 对比可以看到，经过振幅归一化能量调整之后，采集覆盖次数极度不均匀导致的能量差异基本消除，从偏移效果上可以看到偏移画弧现象得到了明显的抑制。

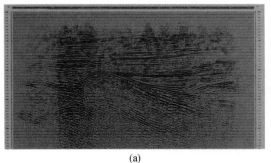 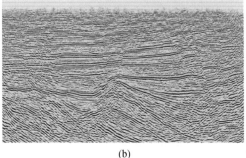

(a)   (b)

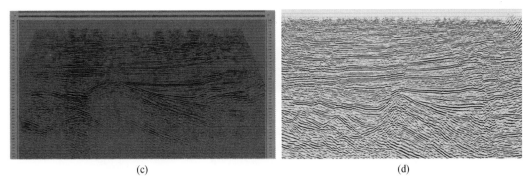

（c）　　　　　　　　　　　　　　　　（d）

图 4.39　能量归一化调整前（a 和 b）后（c 和 d）的叠加纯波与相应偏移成果对比

4.3.2　一体化速度建模技术

地震成像技术一直是地震勘探领域研究的热点和难点，深度偏移技术是改善地震资料质量，提高复杂构造成像精度的有效技术，近年来为地震工作者广泛关注。而高精度的偏移速度是做好深度偏移处理的关键。由于速度建模的精度直接影响地震成像质量，因此速度分析与建模是保证通过地震成像获取高信噪比、高分辨率和高保真度（三高）地震剖面的关键技术。

由于城区信噪比相对较低，地下地质情况复杂，与周边形成整体连片后涉及构造单元多，速度变化快，针对地下构造复杂的特点，单一的速度建模方法无法解决城区建立高精度速度模型的要求。因此采用多域多信息约束的速度建场技术（图 4.40），以达到全区高精度速度场的目的。主要是通过时间域与深度域联合、重点采用时间域高精度速度分析、一体化层位解释、深度域纵横向延迟分析、深度域深度模型修正、网格层析、各向异性等手段的联合，采用处理解释一体化的运作模式，利用 VSP 井资料约束周围速度场，对速度进行修正。

本节以冀中某工区为例，展示多域多信息约束速度建模技术流程及应用效果。

1. 时间域高精度速度分析

各向异性参数场和精确偏移速度场是克希霍夫叠前时间偏移的关键。本区地质结构复杂，偏移速度场是否合理直接决定成像的好坏。

速度分析工作首先以较大网格 400m×400m 进行叠前时间偏移初始速度分析，然后逐步将速度分析网格加密到 200m×200m。同时采用组合建场技术，围绕地质目标，利用工区内 VSP 测井、声波测井资料约束井区周围速度场，对速度变化异常点进行修正。采用处理解释一体化的运作模式，经过多次迭代，并经过严格的质量控制，最终建立全区的速度场（图 4.41）。

2. 一体化综合层位解释

根据叠前深度偏移处理的要求，层位解释应先在时间域剖面上人工建立层速度界面模型。其基本思路是：根据工区基本地质情况，在时间偏移剖面上从上到下进行层位解释，

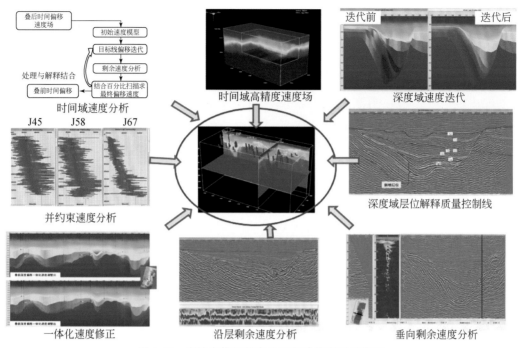

图 4.40　多域多信息约束的速度建模流程示意图

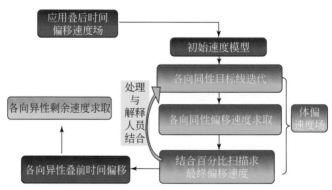

图 4.41　高精度叠前时间偏移速度场建立流程图

视资料情况和地质要求解释出若干套层位，进行闭合，并严格把握以下几个基本原则。

（1）时间模型建立的关键是追踪层速度界面，而构造解释所要对比的是地质界面。时间模型要求界面上下有较大的速度差异，而不考虑地质时代与地质意义是否相同，即要选择和追踪那些最能影响地震波场传播的层速度界面。

（2）层位选择和追踪时应尽量避开极复杂的构造现象和无把握解释的区段，应将这些区段包含于能可靠追踪的大层间隔中，以尽量减少人为因素，使其自然成像。

（3）选择能够控制全区的构造形态、连续性好、能量强的同相轴追踪，选择主测线对比追踪的同时，又用联络线来达到全区闭合。

（4）层位拾取尽量均匀平滑，以满足该偏移算法获得较好成像效果的需要。

（5）根据区块特点随时修改层位或增加层位。浅层偏移成像对速度非常敏感应拾取的较密，深层层位界面可拾取的稀疏些。在断层发育、断距落差较大时，考虑用梯度参考深度改善深层成像。

按照以上思路建模逐层解释。在解释过程中，在当前层位的深度偏移反复迭代的同时，利用该层的速度，观察该层以下速度变化情况，以此来确定下一层的解释方案，并决定是否建立速度梯度。同时与解释人员结合，采用解释提供的地质层位约束深度偏移所需的速度层位。以此类推，建立一套完整的速度界面模型。由于连片工区涉及不同构造单元，变化较大，深度偏移层位解释方案需处理解释人员共同确定，达到全区各层位统一的目的。层位拾取应在现有解释层位的基础上遵循先易后难，先简单后复杂，先凹陷、斜坡，后二台阶、凸起的思路。

经过反复修改，全区时间域自上而下共形成一套合理的层位界面模型（图 4.42），经过时深转化后形成最终的深度域地质模型。

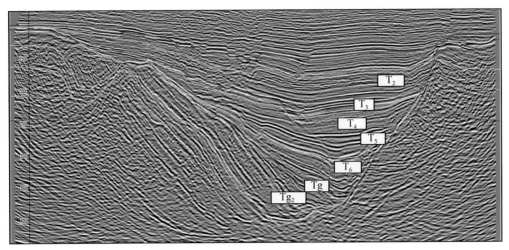

图 4.42　时间域层位拾取剖面及模型

3. 深度域速度模型建立

精确的深度-速度模型是深度偏移高精度成像的关键。深度域层析-速度建模主要有两个步骤：初始深度-层速度模型建立、深度-层速度模型优化迭代。

1）初始深度-层速度模型建立[5]

有了时间域界面模型之后，接下来就是要利用叠前时间偏移提供的 RMS 速度场由 DIX 公式转换成层速度 v_n（图 4.43）：

$$v_n = \left(\frac{t_{0,n} v_{\sigma,n}^2 - t_{0,n-1} v_{\sigma,n-1}^2}{t_{0,n} - t_{0,n-1}} \right)^{\frac{1}{2}} \tag{4.15}$$

式中，v_n 为第 n 层的层速度，这样求出的层速度，转到深度域。该方法的缺点是在建立速度界面模型时，沿层横向是变化的，纵向上速度是常数，而实际地层情况是速度随着埋藏深度的增加而增大，因此要求界面与界面间的厚度不能太大，否则不能得到准确的层速度场。

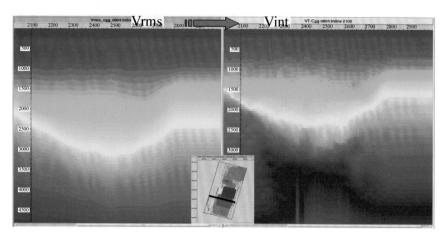

图 4.43　均方根速度转化层速度剖面

　　由于引用了速度梯度，速度调整需遵循从"垂向"到"横向"的原则，即首先要检查速度梯度是否合理，利用 CRP 道集检查垂向剩余速度谱，层间能量团都趋于零（图 4.44），则速度梯度合理，否则修改速度梯度。在速度梯度趋于合理后再做沿层剩余速度分析，检查并修改层速度，优化速度模型，最终得到准确的深度层速度场。另外由于引用了速度梯度，在建立层位时，层间厚度可以加大，简化建模过程，减少层位解释的工作量，从而有效提高模型优化的效率。

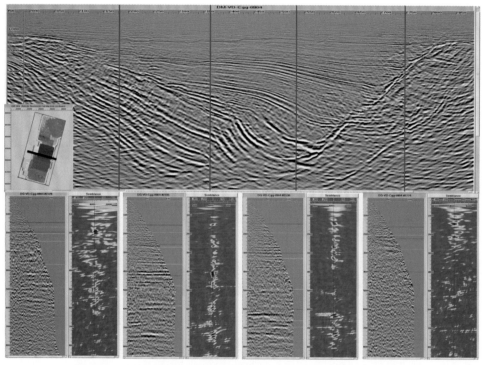

图 4.44　初始层速度场、目标线偏移、垂向剩余速度分析（初始）

求取层速度的过程也是从浅到深逐层进行的。三维叠前深度偏移对速度精度要求甚高，浅层速度不准及其误差的逐层传递对深层成像会产生严重的影响。为了保证速度分析的精度，我们在对下一个层位进行反演之前，必须保证这个层位以上的层速度已获得优化的数值。

2）深度–层速度模型优化迭代

初始的三维深度–层速度模型的精度往往不能满足地质要求。必须经过三维叠前深度偏移—模型优化—再次三维叠前深度偏移—再次模型优化这种形式的若干次迭代过程，同时结合软件自身提供的控制手段，如检查 CRP 道集是否拉平，检查深度剖面成像是否合理，以及用钻井分层数据与深度剖面数据进行对比等，主要采取了 4 种途径进行优化。

（1）初始层速度场的检查

从时间域高精度的均方根速度场转换形成初始的深度层速度场，首先要通过目标线叠前深度偏移检查速度场的合理性，以便有目的、有针对性地沿层优化各层的层速度，减少迭代次数，缩短处理周期。

（2）深度域纵横向联合速度反演

做沿层的剩余速度分析：目标线叠前深度偏移后，利用 CRP 道集做沿层剩余层速度谱，然后沿层拾取剩余谱，将拾取的结果网格化得到的剩余量平面图，通过层析成像对层速度进行优化，形成更新后的深度层速度体，再用新层速度体进行目标偏移，这样反复迭代，直到使某一层的剩余层速度误差趋于最小，得到该层最终的层速度平面图。在 CMP 道集信噪比较高、同相轴形态清晰可辨的情况下，用该方法效果较好（图 4.45）。

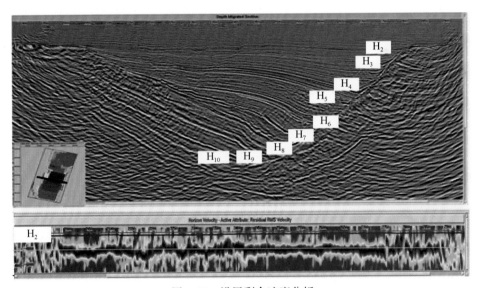

图 4.45　沿层剩余速度分析

做垂向的剩余速度分析：在实际处理中如发现因同一层内速度在深度方向上仍存在梯度变化而影响了层内波组成像，可以在时间偏移剖面的层位拾取中再增加一个层速度界面或重建部分层速度界面模型，就可以用修改梯度的方法有效改进该层的偏移成像效果；如发现在同一层内速度梯度合理，在深度方向上仍存在层间能量团未趋于零，通过能量团的剩余速度函数求出速度值（图4.46）。

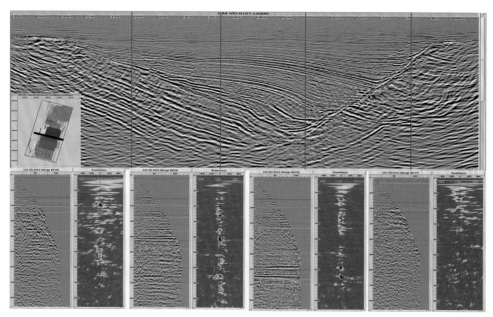

图 4.46　　垂向剩余速度分析

（3）网格层析速度建模技术

通过沿层的方式反演出低频趋势模型速度场后，采用网格层析成像技术来优化。

其实现步骤为：①首先通过全数据体的叠前深度偏移，得到深度域数据体，也可以通过利用初始速度模型将时间偏移数据体比例到深度域，得到深度域数据体；②提取深度域的数据属性体（地震资料同相轴的连续性体、地层倾角体及方位角体）；③根据地层连续性，自动提取地震资料的内部反射层位，形成不同区域的多个反射内部层位（以上三个步骤只需在首次速度模型优化时使用即可，可以应用于后续多次速度模型迭代过程）；④根据叠前深度偏移得到的共成像点道集，拾取目标测线的深度剩余速度，形成深度剩余速度体；⑤将上述的三种地震属性体、深度剩余速度体、初始层速度体，内部反射层位等（如果有实体模型或者沿层的构造模型，仍可输入）几种数据体融合创建一个 Pencils 数据库，使得每个地震记录，包含上述几种信息，为旅行时计算奠定基础；⑥建立包含多个层位的全局的网格层析成像矩阵；⑦利用最小二乘法，在上述几种信息的约束下，求解网格层析成像矩阵，得到优化后的深度域层速度体。[6]重复以上各步骤，实现多次深度速度模型的优化。建模流程如图4.47 所示。

（4）一体化各向异性速度模型优化

处理解释人员优选了约 100 口重点井位，应用于深度偏移处理各阶段，开展井速度和地震速度分析对比，对各目的层段进行速度约束，保证速度模型基本合理（图4.48）。

开展 VTI 各向速度模型优化处理，进一步减小井震误差，提高井震符合率。采用井震信息联合建立速度场，将钻井数据信息与地震数据信息进行高效精准融合。既保证了速度宏观上变化的合理性，又保证了井点速度的精度。

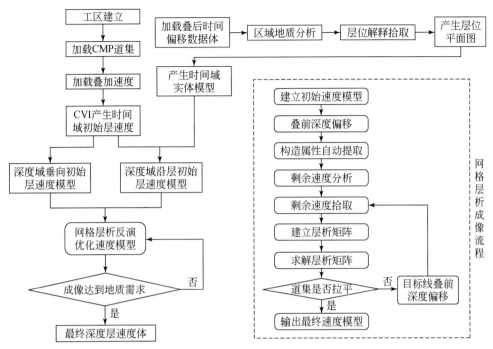

图 4.47　深度偏移网格层析速度建模流程

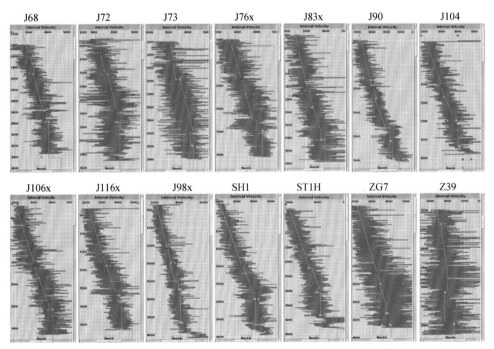

图 4.48　测井曲线（紫色）与层速度（蓝色）曲线吻合示意图

对于 VTI 各向异性深度偏移来说，主要各向异性参数场是 δ 和 ε。图 4.49 为各向异性参数求取流程示意图。

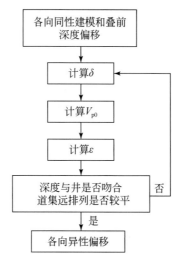

图 4.49 各向异性参数求取流程示意图

具体步骤如下：

首先，利用测井数据与深度偏移剖面对比求取 δ，计算公式如下：

$$\delta = \left[\left(\frac{\Delta Z^I}{\Delta Z^A}\right)^2 - 1\right] / 2 \tag{4.16}$$

其中对某一地层，ΔZ^I 为深度偏移剖面的层厚度，ΔZ^A 为测井真实层厚度。它主要表现的是与井资料的吻合度，参数范围一般在 $0.2 \sim 0.5$。

然后，计算各向异性层速度：

$$V_{int} = \frac{V_0}{\sqrt{1 + 2\delta}} \tag{4.17}$$

最后，迭代 ε。初始值可定义为常数或与 δ 相等，它主要表现在远炮检距是否校平，参数范围一般在 $0 \sim 0.4$。

监控分析图件：道集、δ 场、ε 场、速度场、偏移剖面、井标定。

通过上述多域多信息约束速度建模技术的实施，形成了覆盖全凹陷的连片速度模型（图 4.50），使其基本符合地质规律，然后利用该速度体进行叠前深度偏移，通过与叠前时间偏移相比，剖面效果改善明显。从图 4.51 可以看出：深度偏移成果古近老地层刻画清楚，断层清晰，不同构造单元之间由于横向速度剧烈变化造成的成像问题也得到了很大程度的改善。

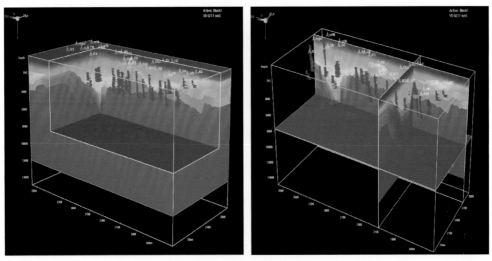

图 4.50 最终层速度场示意图

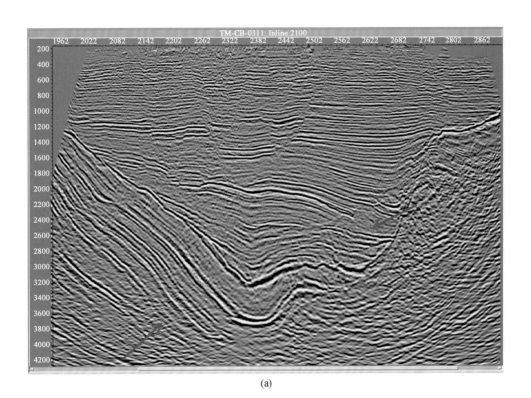

(a)

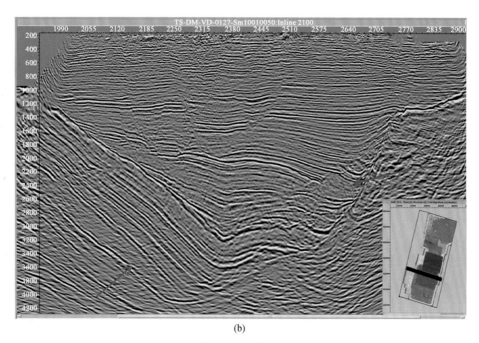

(b)

图 4.51　叠前时间/深度偏移成果对比图

（a）连片叠前时间偏移剖面；（b）连片叠前深度偏移（时间比例）剖面

4.3.3　连片偏移成像技术

在地震勘探领域中，地震波的准确偏移是地震资料解释的基础。数据一致性处理获得的高品质叠前道集、多域多信息联合应用建立的高精度速度场为连片叠前深度偏移处理提供了基础数据。

目前，叠前深度偏移算法很多，主要有两种：一种是基于射线追踪，包括 kirchhoff 偏移、ES360 偏移等；另一种是基于波动方程，包括单程波动方程、双程波动方程（RTM），每一种方法都有其优势。

克希霍夫偏移目前虽然精度低、保幅性差，但速度分析方法快捷、运算效率高、适应能力强，仍然是近期复杂构造成像处理的主流。且为适应岩性反演的要求，积分法在保幅方面研究已经取得进展。本节重点针对波动方程逆时偏移及 ES360 全方位偏移进行介绍。

1. 波动方程逆时偏移

逆时偏移技术基本原理：逆时偏移是对每一个单炮剖面进行偏移，然后将各炮成像结果叠加，得到最终的成像剖面。

在单炮剖面中，两个波场独立地传播：

（1）检波点波场从记录到的数据开始传播。

（2）炮点波场从一假设震源子波开始传播。震源波场和记录到的波场都沿着时间轴延拓。震源波场在时间轴上正向传播，而记录到的波场在时间轴上反向传播。将两个波场互相关并在零时间上求相关值就得到了偏移成像。

逆时偏移成像过程（图 4.52）：正向模拟时间域的震源波场；逆时反向外推时间域的检波点波场；在地下每一个位置上，将震源与检波点波场进行互相关；对偏移的采样点求和并输出到成像体中。

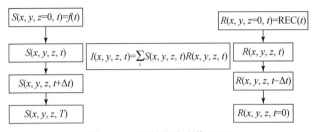

图 4.52　逆时偏移成像原理

逆时偏移技术的特点：双程波方程，不对方程求解；解决成像精度问题：复杂构造陡倾角成像、回转波成像；无速度近似，无倾角限制，倾角超过 90°，反转构造成像；解决振幅问题：无振幅和相位近似，精确的照明补偿和真振幅成像，使岩性预测成为可能。

在相同输入道集和速度的前提下，从图 4.53 可以看出：逆时偏移对深层内幕成像较克希霍夫偏移清晰、归位更准确。

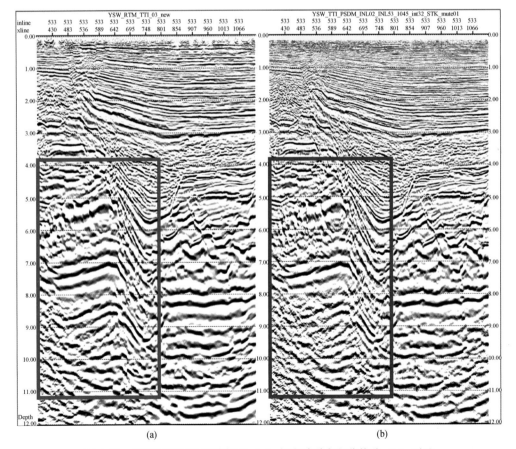

图 4.53　廊坊城市逆时偏移剖面（a）与克希霍夫积分偏移（b）对比

综合以上分析认为，逆时偏移在成像精度方面较克希霍夫积分法偏移有明显的优势，随着计算机硬件的发展和 PC 集群计算能力的提高，逆时偏移正逐渐走向实用，目前大数据量的三维地震资料的逆时偏移仍然受到计算能力的限制，对速度模型精度更加敏感，随着速度模型精度的提高，逆时偏移的成像精度优势会越来越明显。

2. ES360 全方位偏移

ES360 全方位偏移是帕拉代姆公司于 2011 年发布的新一代基于射线追踪全方位偏移成像技术。基于射线追踪的常规偏移成像技术是在 *X-Y-Z* 坐标系，从地表向地下进行偏移成像；ES360 偏移成像技术，通过多路径射线追踪，将地面的地震信息影射到地下局部角度域，每个成像点有四个极坐标分量（半开角、半开角方位角、地层倾角、地层倾角方位角），然后在地下局部角度域进行成像（图4.54）。

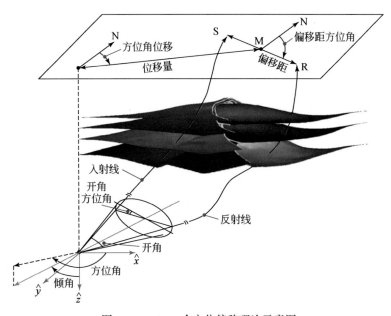

图 4.54　ES360 全方位偏移理论示意图

ES360 全方位偏移成像技术是在局部角度域，从地下向地面进行射线追踪，多路径、全波场成像，成像精度高，产生全方位共反射角道集和全方位方向道集。利用全方位方向道集进行镜像加权叠加和散射加权叠加，提高连续地层的成像精度和断裂系统及特殊绕射体成像，从不同视角再现地下地层的构造特点；利用全方位共反射角道集可以进行潜山裂缝储层叠前预测及烃类检测。

具体的处理流程如图 4.55 所示。

ES360 偏移不同于常规的成像技术，能够为地震资料处理人员和解释人员提供一套全方位真三维偏移道集。利用该全方位数据可以得到：高精度地下速度模型、几何属性、介质性质及储层特征。所用的原始地震数据为现在采集或者以前采集陆地资料，特别是宽方位及远偏移距资料。

ES360 可以在地下局部角度域以连续方式应用所有的地震数据，产生两个全方位、三维

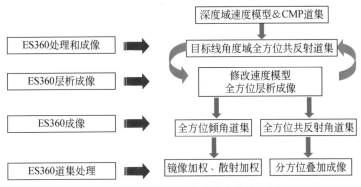

图 4.55　ES360 全方位偏移成像流程图

角度域道集：共反射道集和倾角道集。360°全方位倾角道集可用于镜像叠加成像（图 4.56），突出连续反射介质的成像精度，提高地震资料的信噪比。

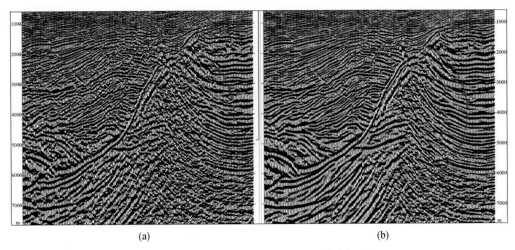

(a)　　　　　　　　　　　　　　　　　　　　(b)

图 4.56　镜像加权前（a）后（b）叠加剖面对比

　　同样，利用全方位倾角道集也可以进行散射加权叠加，突出地下小地质体、断裂等绕射体的成像，它是镜像加权叠加的逆，衰减镜像的能量，突出绕射波的成像（图 4.57）。

　　地下地层是具有倾角的（图 4.58），在全方位倾角道集中，表现反射能量强。如果将不同倾角的道集叠加在一块（叠加效应），有可能模糊了某些倾角的地层，因此对全方位倾角道集进行分倾角叠加，能够突出某些地层的成像精度（图 4.59）。

　　地下地层同样具有某一方位角，即向哪个方向倾斜。地层这个属性同样可以从全方位倾角道集中提取出来（图 4.60），根据某一地层的方位角特征进行分方位角叠加，突出该地层的成像精度（图 4.61）。全方位倾角道集可以这么理解：是地下地层倾角、方位角的度量。

　　地震波在地下传播，沿着裂缝传播的速度和垂直裂缝传播的速度不同，一般沿着裂缝是快波、垂直裂缝是慢波，同时沿着裂缝和垂直裂缝地震波反射能量也是不一致的。这样可以根据全方位共反射角道集不同方位角的剩余延迟或者能量的差异，进行地下地层裂缝预测工作，找出裂缝发育的区域（图 4.62）。

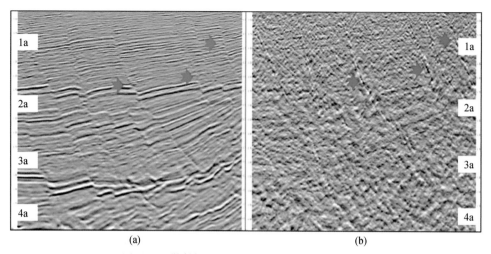

图 4.57 散射加权前 (a) 后 (b) 叠加剖面对比

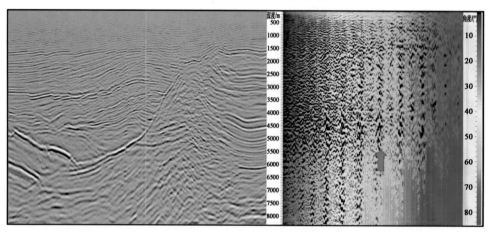

图 4.58 全方位倾角道集显示

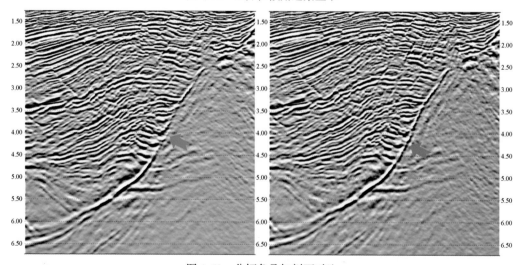

图 4.59 分倾角叠加剖面对比

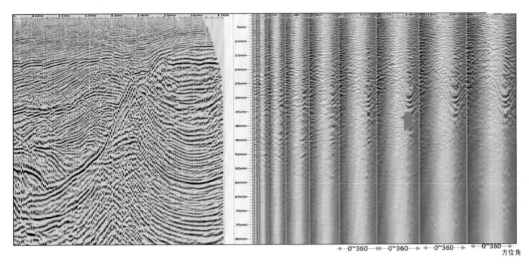

图 4.60　全方位倾角道集方位属性显示

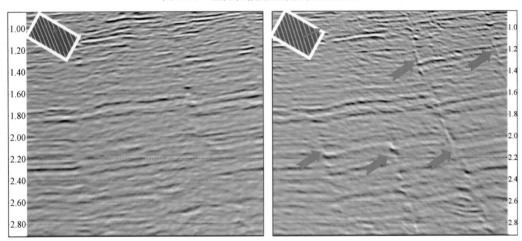

图 4.61　分方位角叠加剖面对比

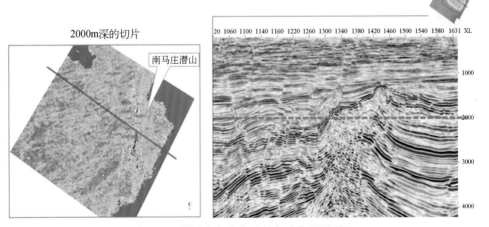

图 4.62　利用全方位共反射角道集预测裂缝

　　通过不同偏移方法结果的对比可见，ES360 和 RTM 偏移都克服了 kirchhoff 偏移画弧的现象，在潜山内幕，ES360 偏移成像较 RTM 偏移效果更好一些（图 4.63、图 4.64）。

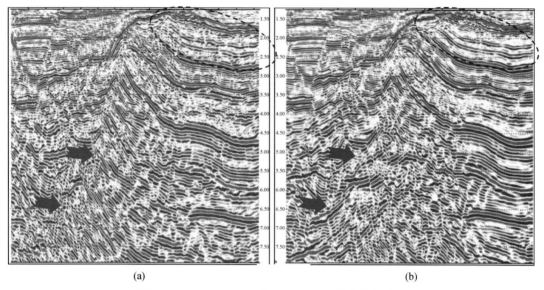

(a)　　　　　　　　　　　　　　　　　　　　(b)

图 4.63　kirchhoff（a）和 ES360（b）偏移成像对比

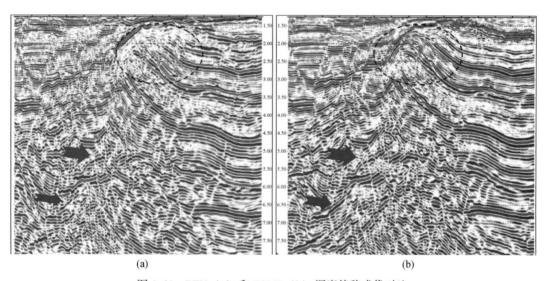

(a)　　　　　　　　　　　　　　　　　　　　(b)

图 4.64　RTM（a）和 ES360（b）深度偏移成像对比

　　在地震资料处理过程中，应根据资料情况，采用相同的 CMP 道集、相同的深度域速度模型、不同的偏移方法进行偏移方法的测试，找出适合的偏移方法。

参 考 文 献

［1］孟松岭 . 2010. 基于地表一致性原理的相对振幅保持方法研究 ［D］. 中国石油大学 .

［2］凌云，高军 . 2005. 时频空间域球面发散与吸收补偿 ［J］. 石油地球物理勘探，40 （2）：176 ~182.

［3］李新祥 . 2007. 三维地震共炮检距矢量道集 ［J］. 石油物探，46 （6）：545 ~ 549.

［4］渥·伊尔马滋 . 2006. 地震资料分析 ［M］. 刘怀山，王克斌，童思友，等译 . 北京：石油工业出版社 .

［5］张敏，李振春 . 2007. 偏移速度分析与建模方法综述 ［J］. 勘探地球物理进展，30 （6）：421 ~ 428.

［6］潘兴祥，秦宁，曲志鹏，等 . 2013. 叠前深度偏移层析速度建模及应用 ［J］. 地球物理学进展，28 （6）：3080 ~ 3085.

第5章　城区三维地震资料解释技术

受地表障碍物影响，城区三维地震资料可能存在浅层资料缺失、深层覆盖次数低等问题，给三维地震资料解释带来挑战。城市野外三维采集过程中实施特殊观测系统、混合震源激发等技术，获得了城市覆盖区三维地震资料。通过特殊干扰压制、子波一致性处理、低频补偿等城市地震资料针对性处理技术，获得了高品质的三维地震资料，为解释提供了类型更为丰富的地震数据，给城区三维地震资料解释带来新契机。

5.1　城区三维地震资料评价要素

城市三维地震采集、处理工作完成后，得到的成果资料能否满足地质目标研究的需求，是整个城市三维地震勘探工作质量的重要评判标准。城区三维地震成果资料品质评价的关键要素包括波组特征、断层可识别程度、信噪比、分辨能力、保幅性和横向一致性。其具体含义和评价方法分述如下。

5.1.1　波组特征

波组是指比较靠近的若干个反射界面产生的反射波的组合[1]，是地下地质结构、沉积特征的直接体现，因此波组特征清楚、易于识别与对比是城区三维地震资料的基本要求。在已钻井区，可采用正演方式，通过声波制作合成地震记录或 VSP（垂直地震剖面）资料对井旁地震道的波组特征进行地震地质层位标定，以判断波组特征是否合理。由于 VSP 采集方法与地震采集的激发、接收方法相似，VSP 走廊叠加剖面与井旁地震道波组特征一致性强，因此 VSP 资料标定法最为有效。

城区三维地震资料区一般勘探程度偏低，已钻井数量少，特别是在无井区，可根据地震波组特征与区域地层波组特征是否一致进行推断。例如，冀中拗陷饶阳凹陷下部的基岩是太古宇及古元古界变质岩，在其上覆盖有华北地台型的全套沉积盖层。主要地质层系波组特征如下（图 5.1）：

太古宇：地层主要岩性为灰色、深灰色片麻岩，成层性差，波组特征为低频、弱振幅、不连续性反射。

中新元古界及下古生界为稳定开阔浅海相，至上古生界发展为滨海沼泽相及陆相，至中生界转变为分隔性较强的火山岩相及河流、湖泊相，从新生代开始，乃成为以单断凹陷为特征的河、湖交互相。沉积环境的变迁，决定了本区地层下部（中新元古界、下古生界）岩性单一，厚度稳定；中上部（上古生界及中新生界）岩性复杂，厚度变化剧烈。

中新元古界：长城系主要岩性为灰色、棕红色白云岩夹碳质泥岩和石英砂岩，形成中低频、中振幅、较连续地震反射同相轴。底界为长城系与太古宇片麻岩地层形成的中频、

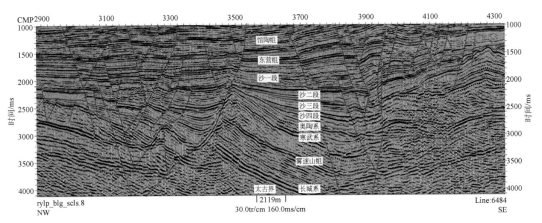

图 5.1　冀中拗陷饶阳凹陷地震剖面图

强振幅、连续波峰反射同相轴，局部可见不整合现象。上覆地层为蓟县系雾迷山组白云岩，富含层纹石、锥状叠层石、核形石、凝块石及原始光球藻、雾迷山糙面球形藻，厚 500 ～2600m。内部波组特征为低频、中振幅、中-差连续性反射。底界面为较弱振幅、连续波峰反射。雾迷山组从上至下分为 10 个小段，其中雾六小段主要为泥质白云岩。泥质百分含量一般在 15% ～30%。而其他碳酸盐岩储层段白云岩的泥质百分含量一般小于 5%。由此可见，雾六小段的泥质百分含量明显高于储集层段，在地震剖面上形成一个中频、强振幅、高连续反射同相轴，可以作为区域标志层。

古生界：寒武系为灰岩、白云岩与泥岩互层，厚 500 ～700m。波组特征为中频、中振幅、较连续性反射。奥陶系上覆寒武系地层之上，岩性稳定，以海相沉积的灰岩和白云岩为主，并含有火山岩系，厚度为 600 ～900m，为冀中潜山油田的主力油层之一，与下伏寒武系地层之间形成中低频、强振幅、连续反射同相轴。其内部岩性较均一，形成中频、弱振幅、低连续地震反射。奥陶系地层沉积之后发生沉积间断，上覆地层为石炭-二叠系地层，岩性为砂质泥岩-中砂岩，总厚 860 ～1062m，在地震剖面上形成一组中频、较强振幅、连续地震反射同相轴。

新生界古近系沙河街组：本组在拗陷内分布较广，且厚度较大，是古近系油田的主力油层和生油层。根据古生物资料及岩、电特征可划分为四个段。

（1）沙四段：根据区域特征推断本区沉积地层薄，且无井钻达。主要岩性应为砂砾岩与泥岩互层，在地震剖面上表现为 3 ～5 个中频、中-强振幅、较连续地震反射同相轴。底界面为砂砾岩与下伏潜山碳酸盐岩地层形成的低频、强振幅、高连续地震反射同相轴。

（2）沙三段：主要为湖相沉积，纵向自下而上、由粗到细分为两个正旋回。包括沙三下、沙三中和沙三上段三个次级旋回。沙三上段为以暗色泥岩为主的特殊岩性段形成的 3 ～5 个强振幅、高连续地震反射同相轴，是局部标志层。其他砂泥岩互层则为中频、中-弱振幅、断续反射特征。沙三段与下伏沙四段为不整合接触。

（3）沙二段：厚 100 ～300m。纵向上，下粗上细，组成一个正旋回。下部为砂岩发育段，地震剖面上对应弱振幅、不连续反射同相轴；上部为红、灰色泥岩集中段，在地震剖面上形成 2 ～4 个中振幅、较连续反射同相轴。底界为沙三上特殊岩性段对应的强波组顶界。

（4）沙一段：可分出上、下两个岩性段。沙一下段为区域标志层，分布广泛，厚50～110m，为灰色泥岩、油页岩、钙质页岩、泥灰岩及生物灰岩等组成的"特殊岩性"集中段，在地震剖面上对应1～3个低频、强振幅、高连续反射同相轴。沙一上段厚200～700m，为暗紫红色泥岩夹灰色砂岩，地震剖面上对应中频、中振幅、较连续反射同相轴。底界为特殊岩性段形成的强振幅反射段顶面。

新生界古近系东营组：一般厚800m左右，为一完整的沉积旋回，岩性上，下粗上细，泥岩的颜色也是上下红中间绿，从而构成了本组的三分性。东三段为紫红色泥岩、砂质泥岩与砂岩不等厚互层，夹碳质泥岩，厚100～300m，其砂岩为区内重要储集层，在地震剖面上形成3～5个中频、中振幅、断续反射同相轴。东二段为灰绿色泥岩夹薄层砂岩，含碳质泥岩，局部夹油页岩，东二段与东三段的界线在泥岩发育段的底或下部东二段砂岩发育段的顶。中上部富含螺化石，电阻率曲线基值低，出现一个低值"凹兜"。地震剖面上对应1～2个低频、强振幅、高连续反射同相轴，可作为区域标志层。以上30～50m，砂层较为发育，砂层的底就是东一段的底界。东一段为紫红、棕红色泥岩与砂岩互层，对应低频、弱振幅、断续反射同相轴。在斜坡下倾部位或洼槽区，东营组与上覆新近系馆陶组呈不整合接触。

新近系馆陶组：为一套河道沉积，可分出粗、细、粗三个岩性段，代表一个完整的沉积旋回。底部的石英、燧石砾石层及其阶梯状高电阻率曲线形态、箱状自然电位曲线形态特征是划分古近系、新近系的全区性标志，在地震剖面上形成低频、强振幅、高连续反射同相轴，是区域标志层。

5.1.2　断层可识别程度

断层是地质构造中的重要组成部分，也是地质研究的主要内容，特别是当城区地下地质情况复杂时，断层的可识别程度显得更为重要。在三维地震剖面中（图5.2），断层表现为反射波同相轴错断（绿色箭头所示处）、同相轴数目突然增加或消失、形状突变，波组特征突然变化（蓝色箭头所示处），反射凌乱或出现空白带、断面波（红色箭头所示处）等。

首先要在地震剖面上根据断层的表现形式判断断层的可识别程度。基本要求是断面清楚、断点干脆、断裂体系空间组合可靠。此外，还可以利用时间切片和能够表征断层的地震属性进行判断，包括断层走向是否清楚、断层间的切割关系是否明确等。

5.1.3　信噪比

信噪比是衡量地震资料好坏的一个重要指标。在地震资料解释工作中，较高信噪比是地震资料进行解释工作的基本要求。地震资料的信噪比越高，则地震资料质量越好，越易于开展地震资料解释[2]。城市三维地震资料地震地质条件较差，地震记录干扰强，信噪比较低，进而影响解释的可靠性。因此，进行信噪比分析在城区三维地震资料评价中尤为重

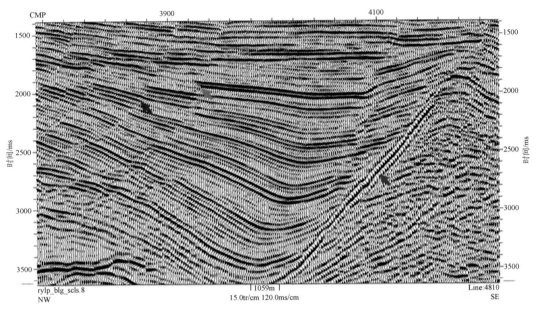

图 5.2　饶阳凹陷肃宁地区地震剖面图

要。当地层含油气时，可能出现地震记录规律性变差、信噪比降低的现象，进行信噪比分析时应加以注意。

　　信噪比反映了分析时窗内目标层反射信息的稳定性、同相轴的连续性以及噪声所占的比值。进行信、噪分离，可定量评价地震记录的信噪比。一般来说，信噪比分析基于如下原理：设地震记录 $f(t)$ 由信号 $q(t)$ 和噪声 $n(t)$ 叠加而成，且噪声 $n(t)$ 为随机的，与信号 $q(t)$ 不相关，是一个满足正态概率分布的稳定的随机过程：

$$f(t) = q(t) + n(t) \tag{5.1}$$

　　在这种假设条件下，用多道记录可以分别获得信号和干扰的自相关函数的可靠估计。考虑到信号与干扰不相关，其间互相关函数为零，从而有

$$\sum_{t=-\frac{T}{2}}^{\frac{T}{2}} \sum_{k=1}^{K} f_k(t) f_k(t+\tau) = \sum_{k=1}^{K} \left\{ \sum_{t=-\frac{T}{2}}^{\frac{T}{2}} q_k(t) q_k(t+\tau) + \sum_{t=-\frac{T}{2}}^{\frac{T}{2}} n_k(t) n_k(t+\tau) \right\}$$

$$= T \sum_{k=1}^{K} r_q^{(k)} + T \sum_{k=1}^{K} r_n^{(k)} \tag{5.2}$$

式中，K 为参与处理的总道数；T 为各道分析时窗长度；k 为多道处理时使用的各地震道序号，$k=1, 2, \cdots, k$；q_k, n_k 分别为信号与噪声的离散采样点；r_q, r_n 分别为信号与噪声的自相关；τ 为自相关信号长度。

　　目前主流解释软件均具备信噪比分析功能。一般借鉴图像处理、音视频处理领域的成熟技术，其提取方法主要包括能量法、方差法、相关法和频谱法。能量法是一种最简单、最直观、运算效率较高的信噪比分析方法，其依据是地震道叠加可消除噪声，采用地震道叠加前后能量的变化估算信噪比。方差法采用信号与噪声的方差之比估算地震数据的信噪比，其依据是方差能够反映相邻地震道的差异程度，差异程度越大，信噪比越低，反之信

噪比较高。相关性的依据是相邻地震道信号具有相关性，而噪声相关性较差或很差。频谱法采用地震信号的频谱估算信噪比，其依据是假设地震信号具有一定的优势频带，过高或过低的频带属于噪声。

随着城市三维"两宽一高"地震采集、处理技术的不断发展，利用分方位角、分入射角或分方位角后再分入射角部分叠加的三维地震资料进行储层预测和含油气性检测成为解释技术发展的主要趋势。因此，除对全叠加处理成果进行信噪比分析外，在进行分方位角或分入射角部分叠加处理时，根据技术需求确定划分方案后，必须对部分叠加的地震数据进行质量监控，以确保每一个部分叠加的地震数据体均具有较高的信噪比，保障预测结果质量。

例如，在利用辛集市城区三维地震资料进行沙三段泥灰岩各向异性预测时，根据技术需求将宽方位地震数据划分为7个分方位叠加数据。从地震剖面分析可见，各套分方位叠加的地震数据地震反射同相轴清晰（图5.3）；对沙三中段分别提取信噪比属性进行定量分析后认为：分方位角叠加的地震数据信噪比高，资料品质较好（图5.4），认为地震资料满足本次各向异性预测技术需求。

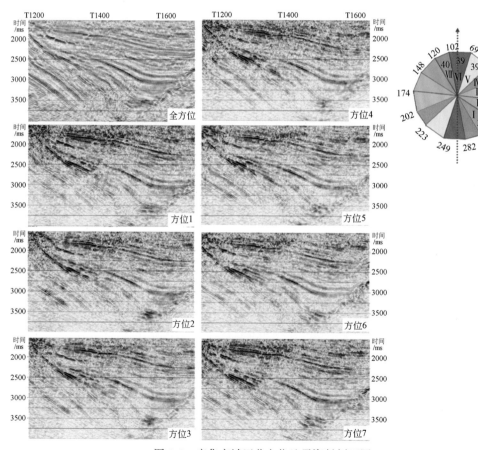

图5.3　辛集市城区分方位地震资料剖面图

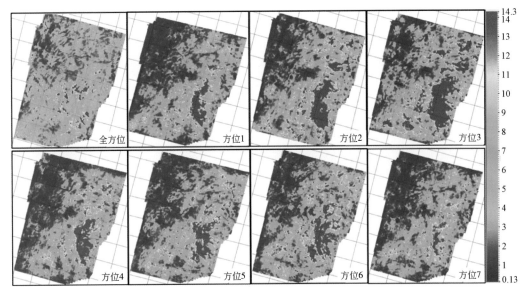

图 5.4　辛集市城区分方位三维地震资料信噪比分析平面图

5.1.4　分辨能力

地震资料分辨能力是判断地震资料品质的另外一个重要标准，特别是在岩性勘探领域，地震资料的分辨能力决定了岩性预测的精确程度。地震勘探中一般将分辨能力概念细分为垂直分辨能力和水平分辨能力，或者称为纵向分辨能力和横向分辨能力。垂直分辨能力是指在垂直方向上能分辨岩性单元的最小厚度，水平分辨能力指在水平方向上确定断层和超覆、剥蚀和尖灭线等地层边界的精确程度。

在地震勘探中，研究人员往往更关心垂直分辨能力。因此在大多数场合除非特别说明，一般均指垂直分辨能力。由于对垂直分辨能力的研究大多在时间域进行，所以一般多用时间表示，并定义为能确定出两个独立界面所需要的最小反射时间差，因而又称为时间分辨能力。与此相对应的术语是"时间厚度"，即一个地层顶、底反射的时间差。不过在地震地质解释中，有时也将时间分辨能力进行时深转换为"地层厚度"，并称之为厚度分辨能力、地层分辨能力或薄层分辨能力等。

在地球物理勘探工作中，研究者从不同的角度出发，对地震资料垂直分辨能力分别进行了定义。Widess 在 1973 年将垂直分辨能力定义为 $\frac{\lambda}{8}$。Ricker 认为当两个子波的到达时间差大于或等于子波主极值两侧的两个最大陡度点的时间间距时，这两个子波是可分辨的。这一时间间距相当于 Ricker 子波一阶时间导数中两个异号极值点的间距，约为子波主周期的 $\frac{1}{2.3}$（图 5.5），因此将垂直分辨能力定义为 $\frac{\lambda}{4.6}$。

Rayleigh 准则是根据光学成像原理给出的光学分辨力极限定义。地震勘探中沿用该准

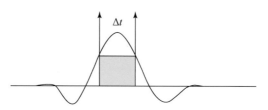

图 5.5　Ricker 给出的垂直分辨能力示意图

Δt 为波主极值两侧的两个最大陡度点的时间间距

则，并定义两个物体的视觉波程差大于 $\frac{1}{2}$ 波长时这两个物体就是可分辨的。对薄层而言，来自薄层顶、底界面反射波的 $\frac{1}{2}$ 波长的波程差，相当于 $\frac{1}{4}$ 波长的薄层厚度。因而一般将 $\frac{\lambda}{4}$ 定义为垂直分辨能力极限。[3] Rayleigh 准则的定义相当于子波一阶时间导数中两个过零点的间距或 Ricker 子波二阶时间导数中两个负极大值点的间距，其约为子波主周期的 $\frac{1}{2}$。

评判地震资料垂向分辨能力时，应该研究其对应的地震子波。但在实际应用中，由于缺乏准确的子波求取方法，并且研究成果建立在理论褶积模型的基础之上，因此对实际地震资料分辨能力的评判常常直接利用地震记录的频谱特征来表述。根据公式 $\lambda = \frac{v}{f}$，在岩石速度固定不变的情况下，地震波长与且仅与地震资料频率相关。因此地震资料的垂直分辨能力与频率有直接关系，频率是表征地震资料垂直分辨能力的重要参数。

频率是单位时间内完成周期性变化的次数，是描述周期运动频繁程度的量。三维地震资料频率有视主频、平均中心频率、振幅谱主频等，一般情况下，用频谱分析得到的视主频求取垂直分辨能力。

5.1.5　保幅性

保幅性是很难量化分析的一项指标，保幅是相对的，但是在地层岩性目标勘探中具有重要意义。在资料处理过程中，通过选用保幅性好的处理模块保障成果资料相对保幅。进行地震资料解释时，分别利用地震剖面和地震属性平面图进行井震结合分析判断。

已钻井点处首选 VSP 资料判断地震资料保幅性，否则可利用合成地震记录进行判断。VSP 走廊叠加剖面或合成地震记录与井旁地震道间的互相关程度可量化判断地震资料的保幅性。如果吻合率大于 70%，认为地震资料保幅性好。利用连井地震剖面可进行井间地震资料保幅性定性分析。对高阳县及周边地震资料进行保幅性分析时，将经井震标定后的 XL1 和 XL1-1 井叠加在过两井的地震剖面中（图 5.6）。XL1 井沙一下段的厚层暗色泥岩中发育厚度 8m 的灰岩，在地震剖面上对应一个高频波峰反射同相轴。与其相距 600m 的 XL1-1 井为纯泥岩段，高频波峰反射同相轴在 XL1-1 井消失，井震吻合程度高，地震资料保幅性好。

利用地震属性对地震资料保幅性进行平面分析。其判断原则包括：井间岩性变化和地

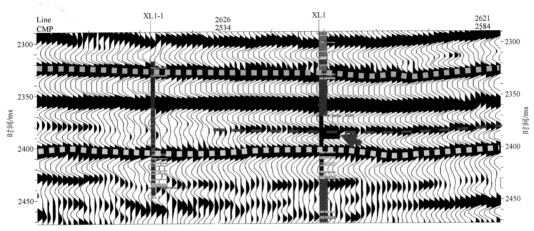

图 5.6　高阳县城区过 XL1-XL1-1 井三维地震剖面图

红色箭头所指处为碳酸盐岩对应的高频波峰反射同相轴

震属性应具有一定的相关性，地震属性平面变化应符合研究区岩相分布规律。束鹿凹陷馆三下段发育砂砾岩与泥岩互层。通过振幅属性与岩性对应关系分析，随砾岩含量增多振幅增强，井震对应关系明显。馆三下段沉积时期为温暖潮湿的北温带环境。构造上由东营末期整体抬升剥蚀转为馆陶初期整体沉降接受沉积，伴随雨季较长，洪水较多，沉积相由东营末期的曲流河相转为辫状河相，河道整体呈北西–南东走向。岩性以河道底砾岩为主，整体偏粗，为中频、强振幅、高连续地震相。振幅属性平面图上河道走向和砂体分布方向与沉积认识基本一致（图 5.7）。

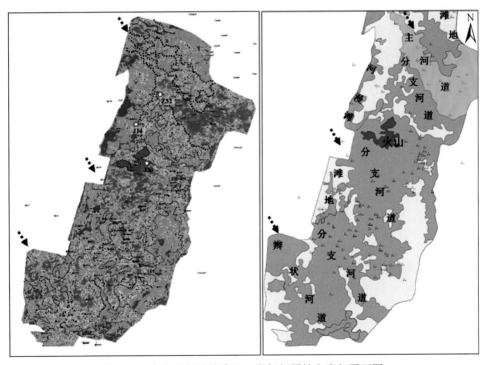

图 5.7　束鹿西斜坡馆陶组三段振幅属性和岩相平面图

5.1.6　横向一致性

　　城市三维地震资料采集的特殊性，城区三维地震资料覆盖次数较周边地区高，混源激发炮间能量差异大，造成城市与周边地区地震资料特征可能会存在差异。城区资料与临区多块不同年度、不同采集参数的地震资料拼接处理时，该差异更为明显。因此，地震资料横向一致性分析是城市三维地震资料评价中的一个重要指标。在处理过程中经过子波一致性处理，原则上该问题已得到解决。但是为保证地震资料解释的可靠性，仍需进行地震资料横向一致性分析。

　　可以提取沿层或层间地震属性辅助进行城区三维地震资料横向一致性判断。如图5.8所示，对辛集市城区地震资料进行横向一致性分析时，提取了东营组振幅和频率属性。将城区范围叠合到地震属性平面图中，可见城区与周边属性无明显差异，且过渡自然，表明城区地震资料横向一致性好。

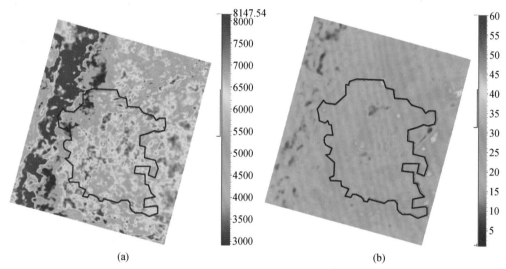

图5.8　辛集市城区东营组均方根振幅（a）和瞬时频率（b）地震属性平面图

黑色虚线框内为辛集市城区范围

5.2　城区地震资料复杂断裂带解释技术

　　含油气盆地一般经历多期次沉降和改造运动，断裂发育。断裂系统控制着构造演化、沉积发育、烃源岩生成和油气生成、运移、富集及其分布。含油气盆地内的大部分城市位于断裂较为发育的正向构造带，地震资料较地表障碍物稀疏的地区信噪比偏低，是复杂断裂带解释面临的技术难题。

5.2.1　地震资料解释性处理

在城区地震资料解释环节中，对地震资料进行滤波处理是提高地震数据信噪比的必要途径。滤波是信号处理中的一个重要概念，主要目的是提高地震资料的信噪比，为构造解释提供信噪比高的资料基础，同时也为地震属性的提取奠定了良好的数据基础。对地震数据的滤波处理分为经典滤波和现代滤波两种。

1. 经典滤波

根据傅里叶分析和傅里叶变换的概念，地震数据是由不同频率的正弦波叠加而成的，只允许一定频率范围内的信号成分正常通过，而阻止另一部分频率成分通过的滤波器，叫做经典滤波器，如带通滤波、扇形滤波等，这些滤波器可以较好地滤除随机噪声。

2. 现代滤波

除随机噪声外，地震数据中还存在相干噪声，这类噪声通常表现出有很陡的倾角。一般的图像处理过程中，滤波是沿标准的三维网格即 x、y、z 方向进行的。但地震数据处理的过程中，尤其是在地层倾角较陡的地区，基于规则网格的滤波可能表现了地震子波的变化。因此在对地震数据进行处理时，将数据的倾向性加以考虑，并沿该方向进行滤波是更为合理的。

构造导向滤波（Structurally Oriented Filters，SOF）处理的目的是分析沿构造方向地震道间地震信号的变化，主要衰减白噪和相干噪声。构造导向滤波的关键是区分反射层的倾向方位角和叠加在反射层上的噪声，估算反射层的倾角和倾向方位角后，采用滤波器增强沿反射层的信号。常用的滤波器包括平均值滤波器、中值滤波器和主分量滤波器（PC 滤波器或 KL 滤波器）。

平均值滤波器是压制随机噪声的最简单的滤波器，是大多数地震叠加算法的基础，平均值滤波器是低通滤波器，输出数值是分析时窗内所有样本的平均值。中值滤波器是信号和图像处理中应用最广泛的非线性技术之一，用分析窗口全部样本的中值替代窗口地震道上的每一个样本值，中值滤波器可以消除野值。主分量滤波器首先确定具有固定地震波形的线性同相轴，该同相轴与沿估算反射层倾角和倾向方位角地震数据一致，并将其作为反射信号的相干分量保留，这种滤波器保留了宽度只有一个地震面元的小规模振幅变化，但不能应用于倾角和倾向方位角之类的属性。

构造导向滤波处理后，地震反射同相轴的连续性得到加强，地震数据信噪比得以提高，小规模断层的断点更加清晰，易于识别（图 5.9）。

5.2.2　复杂断裂带断层识别技术

复杂断裂带断层识别和解释主要利用三维地震数据体主测线、联络测线、任意线和切片进行空间闭合解释，其适用性最强。在信噪比较低、断层极其复杂的城市三维区，表征断层的地震属性有助于断层的剖面识别与组合。在解释性处理的基础上，复杂断裂带断层

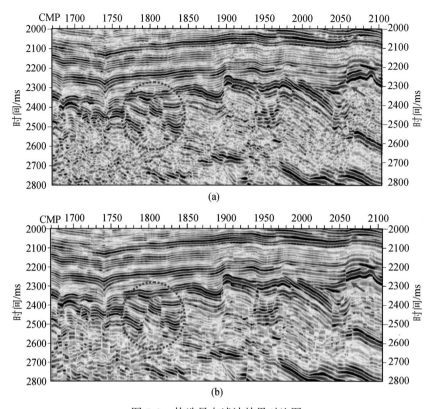

图 5.9　构造导向滤波效果对比图

（a）原始地震剖面；（b）构造导向滤波处理后的地震剖面

识别技术主要包括地震属性提取、图形增强处理、地震属性体与地震数据体融合等，往往能够完成应用其他解释方法很难完成的任务。

1. 地震属性提取

对地震反射同相轴变化敏感的地震体属性是辅助进行断层识别和解释的有效手段，如倾角体、边缘检测、相干体、曲率体等。曲率等高阶导数属性在提高信噪比解释性处理后的地震数据体上提取效果更佳。

根据复杂断裂带一般发育旋转平面式断层的特点，可利用断层两侧地层倾角变化的特征识别断层。倾角（Dip）、方位角（Azi）是唯一一对能够在三维空间定义一个平面方向的属性。倾角是偏离水平面的角度，方位角指直线偏离正北方向的角度（图 5.10）。倾角、方位角属性指示了地层的产状，因此可辅助识别旋转平面式断层，也可以用于滤波和断层属性提取时的方向控制。

倾角数据体表征数据的不连续性，用黑白色棒表示，白色代表低倾角，黑色代表高倾角。用于断层识别时，黑色代表高倾角的断层［图 5.11（a）］。方位角数据体表现连续的区域。用北黑、南白、西蓝、东红表示，注意不要压缩或旋转色棒，否则就失去了原始的意义。当断层上下盘的地层产生旋转时，地层的方位角也会随之变化，断层的上下盘呈现不同的颜色，变化线即为断层位置［图 5.11（b）］。

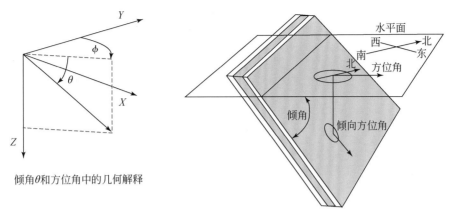

图 5.10　倾角、方位角示意图

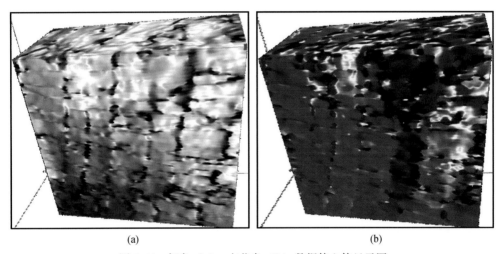

　　　　　　　（a）　　　　　　　　　　　　　　　　　　　　（b）

图 5.11　倾角（a）、方位角（b）数据体立体显示图

　　相干体属性是地震数据体的一阶导数属性，通过对地震数据去同存异，以突出不相干的数据。算法包括相关、相似系数和特征值分析等。在构造导向滤波处理后的地震数据体上提取的相干属性噪声较小，断层较由地震数据直接得到的相干属性更加明显、清晰（图 5.12）。

　　曲率是曲线的一种二维特征，描述了曲线上某点的弯曲程度。[4]对于曲线上一个特定的点，曲率定义为沿曲线方向的变化率。数学上根据几何特征定义为曲率半径的倒数，或写成二阶导数形式：

$$K = \frac{d^2y/d^2x}{(1 + (dy/dx)^2)^{3/2}} \tag{5.3}$$

　　在三维空间中，在界面上的任一点会有无数个曲率值，最有用的一组是由正交平面定义的曲率，叫法线曲率（Normal Curvatures）。在无限个法线曲率中，绝对值最大的是最大曲率（K_{max}），而与之正交的是最小曲率（K_{min}），这两个曲率被称为主曲率（Principal

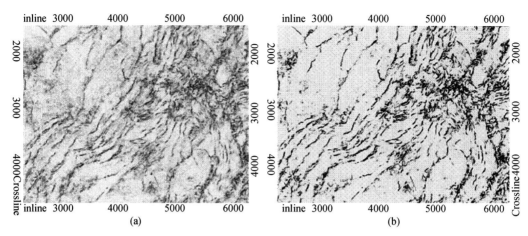

图 5.12　构造导向滤波前（a）、后（b）相干属性切片对比图

（a）原始地震数据效果切片；（b）构造导向滤波处理后相干切片

Curvatures）。由主曲率组合可得到不同的曲率属性，用于识别不同的线性特征、局部形状等信息。最正值的曲率为最正曲率（K_{pos}），最负值的曲率为最负曲率（K_{neg}）。这两种曲率突出了边界，主要用于显示断层。根据曲率属性的计算原理，最负曲率用于识别正断层时，断层线位置应向上升盘方向偏移；最正曲率则相反，断层线位置应向下降盘方向偏移。由于曲率属性描述了地震反射同相轴的弯曲程度，对在地震剖面上仅表现为挠曲的小断层有较好的表征。

相干体和曲率体对剖面上表现为不同形态的断层的识别能力不同。当断层断距较小时，断层两盘的地层变形表现为挠曲和微幅度扭曲，断层在曲率属性图上可见，在相干属性图上不可见；当断层规模较大时，断层两盘的地层表现为明显的同相轴错断，地层没有挠曲形变，则在曲率体上不可见，而在相干体上可清楚判别。

2. 图形增强处理

相干、曲率等体属性是一种混沌属性，切片上的横向连续性好，剖面上的纵向连续性较差，因此适合在切片上辅助识别断层，但在剖面上辅助断层解释作用不大。通过图形增强处理，可使地震体属性在三维空间的可解释性进一步增强。

图形增强处理技术是在优化各类表征断层的体属性基础上［图5.13（a）］，以图形为处理对象，进一步突出断点的微小变化。在处理过程中，通过图形增强提高纵向上表征断层的图形的连续性，同时压制与断层无关的横向信息，使断面形态在三维空间更加清晰，解释成果更精确［图5.13（b）］。再通过断层探测处理将断层从围岩中剥离出来，以更好地突出断层，得到断层的空间展布信息［图5.13（c）］。

3. 地震属性体与地震数据体融合

将探测后得到的表征断层的体属性融合到地震数据体中，可以得到带有断层信息的地震数据体（图5.14）。融合过程中通过调整地震属性门槛值控制要融合的体属性数值范围，从而控制要融合的断层级别。融合后的数据体增加了断层信息（如图5.14中黄色部分所示），使断层解释更加直观、精细、快速。

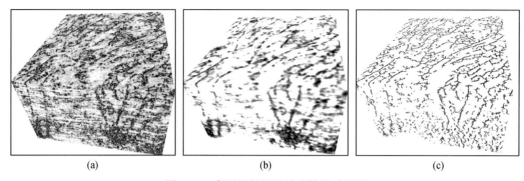

（a）　　　　　　　　　　（b）　　　　　　　　　　（c）

图 5.13　断层属性图形处理结果对比图

（a）相干属性体；（b）属性体增强；（c）属性体探测

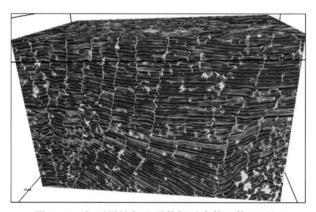

图 5.14　相干属性与地震数据融合体立体显示图

由于三维可视化技术不仅能观察数据体的表面特征，更能透视数据体的内部结构，同时能显示三维构造（断层）模型和带透明度的立体构造（断层）模型，因此在断层平面和剖面组合时，地震属性与地震数据融合体可指导进行断层空间组合。

进行断层空间组合时，首先确定工区内主要断层的空间组合关系，在较大断层得到有效控制的前提下，再利用钻井资料解释得到的断点，采用单种子点自动拾取方法，加上地震反射同相轴连续性、振幅一致性等约束条件进行断层自动解释。在复杂断裂带，地质结构复杂，断层自动拾取的范围不大，必须加上地质的观念，对断层附近地层的产状进行正确的判断，以进一步完成次级断层的空间组合。

5.2.3　深度域地震资料复杂断裂带解释

叠前深度偏移处理能获得地质体正确的空间几何位置，包括深度、产状、构造高点、断层断点等。与时间偏移相比，叠前深度偏移处理成像精度更高，能更真实地反映城市地下复杂断裂带构造形态。深度域地震资料与时间域地震资料存在诸多差异：成像原理不同、处理流程不同、纵向刻度不同等，导致深度域地震资料构造解释在合成记录标定、构造成图等方面有其特殊性。

1. 深度域合成地震记录直接标定

层位标定是构造解释和储层预测的基础，是连接地震、地质和测井工作的桥梁。时间域合成地震记录通过反射系数和子波褶积来实现。对于深度域合成地震记录标定，前人的研究多致力于求取深度域子波，利用褶积方法制作深度域合成记录。胡中平等通过数学推导后认为，在时间域子波频率确定的情况下，深度域子波在数值上与之相等；张雪键等从深度域偏移剖面中提取地震子波，再利用褶积公式得到深度域合成地震记录；林伯香等对深度域地震数据进行变换，使其符合线性时不变系统的条件。定义深度域地震子波的介质速度为标准速度，把时间域中的合成地震记录计算方法引用到深度域中，再通过反变换处理，将褶积结果反变换到原深度域中。上述各种方法考虑了深度域子波的变化特点，是有效的深度域合成地震记录间接标定方法，但是都经过了一定的假设和变换，计算过程也比较繁琐。因此需要探索便于操作的深度域合成记录直接标定方法。

利用波动方程偏移算法在时间域和深度域可逆的特征，可实现深度域合成地震记录直接标定。首先通过波动方程时间偏移（正演）获得时间域合成地震记录；再通过波动方程深度偏移（反演）获得地下深度域合成地震记录。与时间域合成记录类似，深度域的合成记录也需要输入声波、密度和井旁地震道数据。值得注意的是，由于深度偏移是从零时间和零深度起算，应选择从零深度起始的测井数据制作合成记录。

深度域合成记录直接标定分为五个主要步骤：①根据声波测井曲线中点位置和波形进行分层，层内速度取均值获得层速度；②对声波和密度曲线按深度采样间隔进行方波化处理（采样间隔内取均值），获得采样间隔内的声波和密度曲线，计算纵波阻抗和反射系数；③确定子波，可以选用雷克、俞氏等理论子波，也可以从深度域资料对应的时间域提取子波；④深度域合成记录算法包括正演和反演两个步骤，输入层速度、反射系数和子波获得地面合成地震记录，输入层速度和地面合成地震记录（时间域）获得地下深度域地震记录；⑤按照波形相似原则，将主力目的层各反射界面从上到下逐层与地震井旁道对齐，即可完成深度域合成地震记录直接标定（图5.15）。

2. 深度域构造成图技术

由声波测井得到的速度与地震资料速度在测量方式、精度等方面存在差异，因此，深度域地震资料虽然经过对井校正，但与部分井之间依然存在一定误差。因此深度域构造成图过程中最大的难点就是如何合理校正井震误差。

经合成地震记录标定后，得到了井点位置各主要目的层系的井震误差。郝晓红等提出了对误差数据网格化，然后对原始层位网格进行校正，进而构造成图的方法。这种方法在单一层位界面范围内进一步减小了井震间的深度误差，但是缺乏在空间范围内误差分布合理性的考虑。井震误差建场能够使井震误差在空间合理分布。主要思路是创建井震误差场，使井震误差在空间每个节点上合理分布。用误差场对深度域层位进行校正，再构造成图，使每个目的层段的井震间误差都得以合理减小。

具体做法是首先建立地震深度与钻井分层深度间的误差关系场。初始状态下，默认井震间深度一一对应，即建立数值为0的初始误差场。其次用合成地震记录标定得到的井震

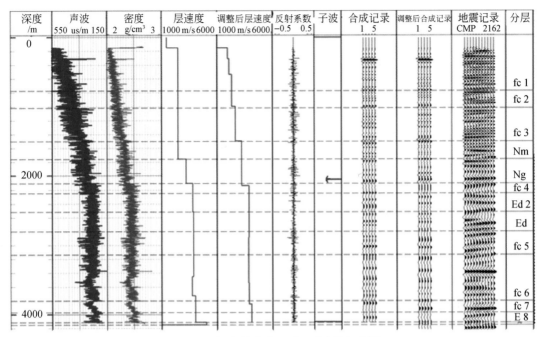

图 5.15　深度域合成地震记录直接标定图

误差校正初始关系场，得到最终的井震误差关系场。最后计算各目的层的校正量。将该误差数据场转换为误差数据体，提取各目的层的沿层振幅，即为各层的井震误差值。各目的层位与其误差进行运算，得到各层系更为合理的深度值，对该层位进行构造成图，井震误差得到一定程度的修正。

　　这种构造成图方法避免了单层井震差异校正带来的构造形态空间畸变问题，使上、下地层的构造图均趋向合理。在饶阳凹陷留路地区深度域地震资料构造成图过程中，应用该方法进行井震误差校正，校正前 32 口井中最大相对误差为 2%，校正后最大相对误差为 0.9%，构造成图精度得到明显提高（图 5.16）。

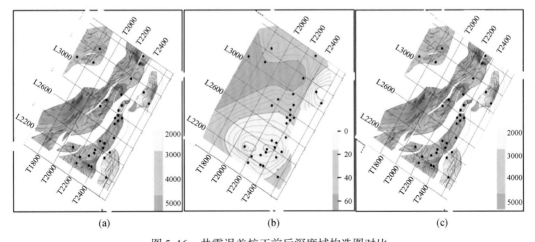

图 5.16　井震误差校正前后深度域构造图对比

（a）井震误差校正前；（b）井震误差校正量；（c）井震误差校正后

5.2.4 基于"两宽一高"地震资料的复杂断裂带解释

"两宽一高"地震资料频带更宽，各个级别的断层成像更清楚；宽方位勘探则明显改善了对平面走向不同的断裂发育带的识别能力，提高了城区复杂断裂带解释精度。

1. 宽频地震资料复杂断裂带解释

利用"两宽一高"地震资料的宽频特征可以有效识别规模不同的断层。断层在空间往往以高角度形态存在，视频率较低，因此低频信息对突出大中型的断层效果更明显。饶阳凹陷同口地区 OVT 域偏移资料经低通滤波处理后突出了低频分量（图 5.17），在低通滤波的地震剖面也即优势频带地震剖面上的大中型断层更清楚；在 1500ms 相干切片上，OVT 域偏移数据经低通滤波处理后背景噪声小，断层的平面组合关系更明显。例如，在红色虚线圈内，北西走向的一组断层被北东走向的断层切割，断层间的组合关系更加明确。

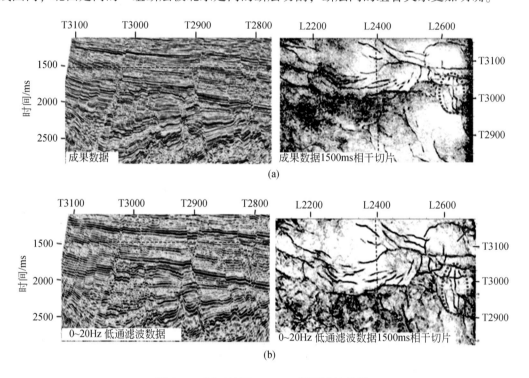

图 5.17　同口地区 0～20Hz 低通滤波效果

（a）OVT 域偏移剖面（左）和 1500ms 相干切片（右）；（b）OVT 域偏移资料 0～20Hz
低通滤波剖面（左）和 1500ms 相干切片（右）

在理想情况下，反褶积结果能得到白噪谱数据。但目前一次波反射系数序列是有色的（功率谱不是平的），即缺乏低频成分。常规的白噪反褶积方法（脉冲反褶积、预测反褶积）得到的只是反射系数序列的白噪序列部分，而有色部分被滤掉了。宽频地震数据由于兼顾了低频成分，反射系数序列可能为红色，高频成分相对被压制。以构造解释为目的，通过蓝色滤波处理技术，可在一定程度上补充地震数据的高频分量，使小断层解释更精细。首先用自回归移动平均系数计算蓝色滤波器，然后用该滤波器对常规反褶积后的地震数据进行滤波，补偿反射系数序列的蓝色（高频）部分，从而使处理后的地震数据更接近反射系数序列的真实特征，地震剖面的分辨能力也得到改善。

饶阳凹陷同口地区原始地震剖面中局部断层断点不清晰［图 5.18（a）］。经蓝色滤波处理后，地震资料的视频率明显提高，小断层的断点更清楚，复杂断裂带的小断层交切关系更明确［图 5.18（b）］。

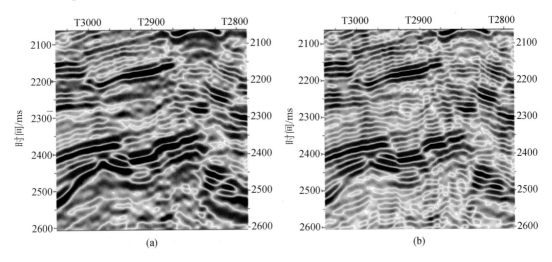

图 5.18　饶阳凹陷同口地区蓝色滤波处理前（a）、后（b）地震剖面

2. 宽方位地震资料复杂断裂带解释

利用"两宽一高"地震资料的宽方位特征可以充分识别平面走向不同的断层。断层是地层中各向异性最强的地质体。在漫长的历史时期内，活动期次不同的断层平面走向往往也不相同。几组走向不同的断裂体系往往相互切割。当某一走向的断裂体系活动较弱时，在地震成果资料中不易识别。宽方位地震数据的出现为充分识别不同走向的断层提供了可能。当存在方位各向异性时，窄方位观测只能测量出一个方向上的各向异性响应，不能在全方位上进行分析。而宽方位观测可进行全方位的各向异性响应分析，以识别在空间展布方向不同的各组断裂体系。"两宽一高"地震资料的高密度特征使每个方位角叠加地震数据都有一定的覆盖次数，保障了分方位角部分叠加后地震数据的可解释性。

分方位角部分叠加的地震数据用于构造精细解释时，首先要根据研究区内的断裂发育特征，充分论证确定方位角划分方案。当观测方向平行于断裂体系时，各向异性响应最弱；当观测方向垂直于断裂体系时，各向异性响应最强。因此方位角划分的基本原则是要保证每一组走向不同的断裂体系都有一个方位地震数据与之垂直，同时每一个分方位数据要具有一定的信噪比。

例如，在饶阳凹陷西柳地区进行了"两宽一高"地震资料采集。将数据体分为 6 个方位角进行部分叠加，划分时保证有一组数据分别与北东和北西走向的断层大角度斜交。与北东走向的断裂大角度斜交的方位 4 部分叠加数据体和与断裂走向基本平行的方位 1 部分叠加数据体进行对比分析。从方位 4 的部分叠加地震剖面上可见：红色箭头所指处地震反射同相轴有明显中断现象（图 5.19），可以解释为小断层；在与方位 4 近乎垂直的方位 1 部分叠加剖面上，同相轴连续，并无中断现象。在方位 1 对应的叠加数据 2400ms 相干切片上，绿色和蓝色箭头指向的断层虽可见，但不及方位 4 对应的断层影像清晰；而红色箭头指向的断层在方位 1 切片上不可见。

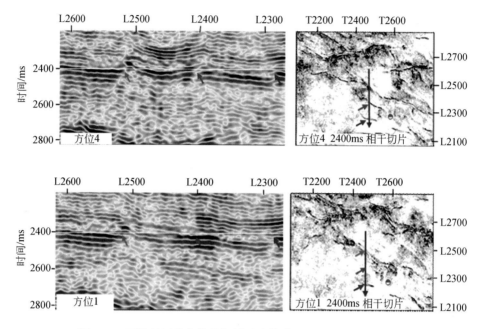

图 5.19　西柳地区分方位叠加剖面及其对应的 2400ms 相干切片

　　由于不同方位的部分叠加数据对走向不同的断层识别能力存在差异，为了充分突出各个方位数据体在断层识别方面的优势，利用数据体融合技术，对所有分方位数据的相干数据体进行融合处理。图 5.20 为 1700ms 处不同方位及融合数据体的时间切片对比图。图中红色箭头所指的小断层，在方位 2 和方位 3 上显示不明显，在方位 1、方位 4 和方位 5 上较明显；浅蓝色箭头所指小断层在方位 1、方位 2、方位 3 上均非常明显，在方位 4 和方位 5 上不明显；深蓝色箭头所指断层在方位 4 和方位 5 上较明显，在方位 1、方位 2、方位

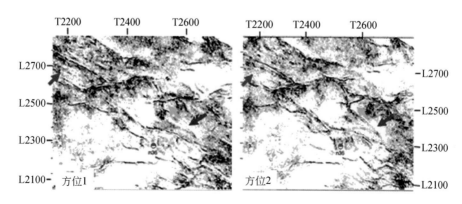

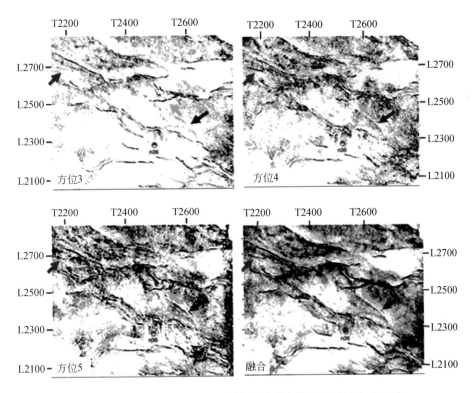

图 5.20　西柳地区 1700ms 不同方位及融合数据相干切片对比图

3 上不明显；而融合数据体包含了各个方位数据中的关键信息，能够识别出不同走向的小断层，三个箭头所示的断层在融合体切片上均非常明显，因此通过分方位数据体地震属性融合，可充分识别不同走向的断裂体系。

3. 基于方位速度差的复杂断裂带解释技术

OVT 域偏移处理过程中得到的快速度和慢速度体为复杂断裂带解释提供了新思路。在资料处理过程中，由于 HTI 介质具有方位各向异性特征，在蜗牛道集上会出现同相轴存在小时差、同相轴扭曲等现象。在不同炮检距段上，随着方位角的循环往复，同相轴扭曲呈现规律性变化。在不同炮检距、相同方位角上，地震反射同相轴扭曲呈现出一致的趋势。蜗牛道集的周期性扭曲是方位各向异性的表现，说明地震波速度与方位角有关。

由于方位各向异性的影响，即使使用相当准确的偏移速度和适用的偏移方法，蜗牛道集也不能完全校平，后期很难做到同相叠加，给成像效果造成很大影响。因此校正方位各向异性时差是 OVT 域偏移处理中的一项重要环节。为解决该问题，需要在方位角道集内拾取时差，计算不同方位角的纵波速度，用原偏移速度反动校正，用方位速度进行动校叠加，最终得到符合要求的道集数据。平行于各向异性走向的地震波速度最大；垂直于各向异性走向的地震波速度最小（图 5.21）。二者的差异反映了地质体的各向异性强度。

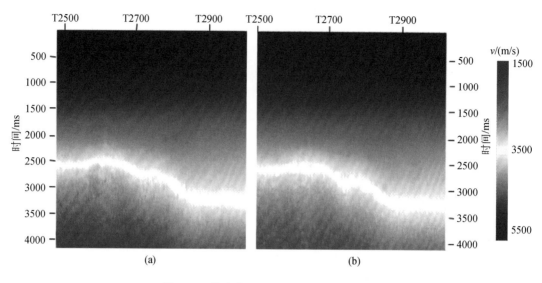

图 5.21　快速度 (a) 和慢速度 (b) 剖面

　　虽然快速度和慢速度在剖面上没有明显差别，由于其反映了地质体的各向异性，因此两者间应存在差异。断层是地层中各向异性强度最为明显的异常体，其各向异性特征应最为明显。通过数据体运算将快速度和慢速度相减，得到两者间的速度差［图 5.22 (b)］，剖面上的高角度强异常条带与地震剖面上的断层有极强的相关性［图 5.22 (a)］，经对比分析认为：这种纵向的强异常条带就是断层的反映。当地震资料信噪比较高时（2500ms以上地震资料），断层表现清楚；当地震资料信噪比偏低时（2500ms以下），各向异性特征并不明显。

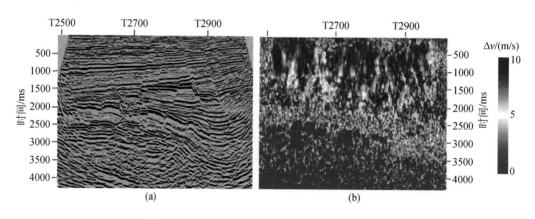

图 5.22　地震剖面 (a) 及快慢速度差剖面 (b)

　　基于"两宽一高"地震资料，利用上述断层解释技术取得了非常好的效果。图 5.23 (a)为利用连片资料解释的构造图，图 5.23 (b) 为利用新采集的"两宽一高"地震资料解释的构造图，从图中可以看出，复杂断裂带的断层组合关系更加合理，小断层识别更精细，构造圈闭明显增加的同时构造也更落实可靠。

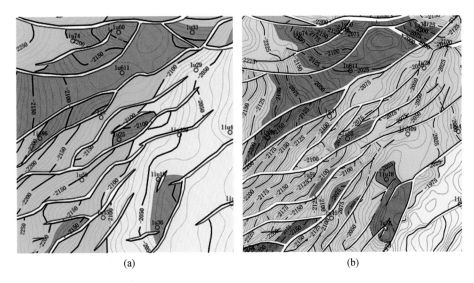

图 5.23　同一层系常规连片处理资料（a）、"两宽一高"地震资料（b）解释构造图

5.3　城区地震资料储层预测及油气检测技术

受地表障碍物及地震采集技术的限制，城区勘探程度通常相对较低。随着城市勘探技术的发展，城市三维地震勘探得以实施，填补了城市三维地震资料空白，为储层预测及含油气性检测提供了丰富的地震资料。城区钻井密度较小，且分布不均衡，储层预测及含油气性检测应采用叠前、叠后地震属性和井属性模型依赖程度低的反演等技术。城区地震资料可能会受地面障碍物及变观的一定影响，应用地震资料进行储层评价及油气检测时应加以考虑并分析。

5.3.1　孔隙型储层预测

孔隙型储层预测首先对储层的分布范围和厚度进行预测，然后对孔隙度、渗透性等物性特征进行预测。在分析研究区地质背景的基础上，根据储盖组合、储层厚度及物性特征，分析地球物理参数的差异性等，进行储层预测方法可行性论证，优选合适的预测方法。

1. 基于地震属性的储层预测技术

地震属性是指由叠前或叠后地震数据经数学变换而导出的有关地震波的几何学、运动学、动力学和统计学特征，不同的地震属性表征了地震数据体中隐含的丰富地质信息。利用不同属性可以对孔隙型储层的分布范围、厚度及物性进行预测，常用的地震属性的储层预测技术有振幅属性分析、波形聚类、频谱分解等。

1）振幅属性分析技术

振幅是地震波最重要的属性。地震波是地震子波与反射系数褶积的结果，而反射系数是反射界面上、下地层波阻抗的差异，其大小与振幅直接相关。根据算法不同，振幅类属性包括均方根振幅、振幅包络、功率谱和平均能量等。振幅与储层岩性、物性、所含流体等因素密切相关，广泛应用于孔隙型储层预测研究中。

当孔隙型储层厚度足够大，地震资料可分辨，储层界面通常表现为强振幅地震反射特征，可以直接用振幅属性预测储层。当孔隙型储层厚度较小，薄砂岩储层与泥岩频繁互层，如三角洲前缘席状砂体、河漫滩砂体等，地震响应是一个砂层组的综合反应，不仅与反射系数有关，更受到反射系数组合方式的影响，强振幅不一定对应砂组发育区。在实际工作中，应结合井资料和地震资料，用反射系数组合进行综合分析，再根据岩性与振幅属性的相关关系确定砂体发育范围。

在城市三维区，利用振幅属性预测砂体时，地震的振幅变化除受储层影响外，有时会受城区地面障碍物及变观影响，研究时需要结合采集观测系统的参数，分区块利用不同的参数分别进行预测和分析。

2）波形聚类技术

地震波形类属性分析是进行地震相分析的主要技术，该技术的主要原理是地下地质体物理性质的变化会引起地震波形状发生改变。利用波形分类的方式可以把地震波形的细微差异表现出来。在目的层段内，根据地震波形曲线特征进行分类，相同类的地震波形用同一种颜色表示，便可得到反映沉积环境的面属性平面图，即细致刻画地震信号横向变化的地震波形分类图。虽然城区地震资料能量可能受城区地面障碍物及变观影响，但波形相对真实，所以在城区的储层预测中，波形属性能较真实地反映储层的变化。

3）频谱分解技术

频谱分解技术是一种基于频率域的储集层解释技术，是把目标地质体从时间域转换到频率域进行识别，或转换成单一频率的时频四维数据体，从而改善地震分辨能力，更好地确定储集层的几何形态。该技术被广泛用于刻画横向不连续的地质异常体、预测薄储集层结构以及判断沉积环境等方面。在地震资料解释中的应用始于1997年，目前主要使用频率域振幅的调谐响应研究沉积现象、薄层的厚度变化。

Widess通过正演分析，拟合出振幅与地层厚度的关系曲线，认为薄层厚度为1/4波长时产生调谐效应。对于厚度小于1/4波长的薄层而言，在时间域，随着薄层厚度的增加，地震反射振幅逐渐增强；当薄层厚度增加至1/4波长的调谐厚度时，反射振幅达到最大值；然后，随着薄层厚度的增加（超过1/4波长），反射振幅逐渐减小。地层厚度与其调谐频率呈近似反比的关系，即薄层的调谐频率较高，而厚层的调谐频率较低。

由于每个薄层产生的地震反射在频率域都有与之相对应的调谐频率，可以通过频率来指示薄层的时间厚度。地震子波一般跨越多个层位，不是单一薄层，从而导致了复杂的调谐反射。这种调谐反射具有独特的频率域响应。

频率的横向变化代表了岩性的横向变化，如果频率横向变化小，说明地层稳定；如果频率横向变化大，说明岩性迅速变化。类似地，通过局部相位的不稳定性形成的相位谱响应可用于描述地层的横向不连续性。频谱分解得到的层谐振体可在平面和剖面上进行观察分析，在频率切片上，通过对整个频率范围的动态观察，并结合对沉积模式的认识，可得到目的层段储层的横向变化，因此它成为广泛应用的属性。

　　应用城区三维地震资料进行谱分解时，需要结合城区采集施工参数和处理流程参数，分区块进行储层预测。

　　2. 基于反演方法的储层预测技术

　　反演是应用地表观测资料，以已知地质规律和钻测井资料为约束对地下岩层空间结构和物理性质进行求解的过程，是进行孔隙型储层量化预测的有效方法。根据反演地质结果，可分为波阻抗反演、地质统计反演、波形指示反演等。

　　当孔隙型储层厚度较大时，常用稀疏脉冲反演进行预测；当孔隙型储层厚度较小时，地质统计反演、波形指示反演可有效提高纵向分辨能力。由于城区钻井数量少且分布不均，针对薄储层，基于地震相控的波形指示反演技术是较为适宜的预测技术。

　　三维地震是一种空间分布密集的结构化数据，地震波形的变化反映了沉积环境和岩性组合的空间变化。波形指示反演技术充分利用地震波形特征解析低频空间结构，代替变差函数优选井样本，根据样本分布距离对高频成分进行无偏最优估计。该方法是针对薄储层的一种高精度反演方法，以传统地质统计学为基础，统计样本时参照波形相似性和空间距离两个因素，在保证样本结构特征一致性的基础上根据分布距离对所有井按照关联程度排序，优选与预测点关联度高的井作为初始模型对高频成分进行无偏最优估算，并保证最终反演的地震波形与原始地震一致，空间上体现了地震相约束，平面上更符合沉积规律。该技术只需要优选与待判别道波形关联度高的井作为样本点建立初始模型，不要求井点均匀分布，即可以得到高精度的反演结果。

5.3.2　裂缝型储层预测

　　裂缝型储层是指以裂缝为主要储集空间、渗流通道的储集层。一般发育在致密岩、古风化壳和低孔隙储集层中，具有厚度较大、横向非均质性强的特点。因此裂缝型储层研究更多关注储层的物性，主要是裂缝的发育程度。目前对裂缝发育程度的直接认识来自成像测井等资料，利用三维地震资料进行预测是间接认识裂缝发育程度的有效途径。城区油气勘探的最大特点是勘探程度低，钻井资料缺乏，裂缝预测主要依赖于三维地震资料。根据所使用的地震资料性质，可以分为叠后裂缝预测和叠前裂缝预测。

　　1. 叠后裂缝预测技术

　　叠后裂缝预测主要是基于叠后地震地质资料的属性分析，目前应用广泛的属性包括相干、曲率等。相干属性主要用来检测断层、裂缝以及刻画地质体边界。在相干属性提取过程中，主要分析以目标点为中心的时窗内的相邻地震道波形的相似性。波形的相似性与地层的连续性密切相关，因此，相干属性反映了地层的不连续性特征。相干技术是目前指导断层识别的有效技术，而裂缝的发育程度是断层伴生的，因此识别断层发育带即可指示裂缝发育带。曲率反映在应力作用下地层的弯曲程度。从裂缝的形成机制看，构造应力是形成裂缝的最主要影响因素。在构造应力作用下，地层发生不同程度的弯曲或错动，易于形成裂缝发育带。一般曲率越大、应力越大、裂缝越发育，构造体曲率属性主要分析以目标点为中心的时窗内的相邻地震道波形相似性（相位变化），以检测地震道不连续变化的信息，进而识别断层和其他地质异常构造。特别是在多窗口进行倾角和方位角扫描的基础上的构造体曲率（最正曲率）能提供更为稳定的估算结果，更有利于定性预测碳酸盐岩裂缝型储层的分布特征。

在霸县凹陷发育四个潜山带，即牛驼镇凸起潜山带、牛东断阶潜山带、文安斜坡潜山带和郑州潜山带。四个潜山带上钻遇潜山的探井目前共 172 口，获得工业油气流井 54 口，探井成功率高达 31.4%。已发现南孟油田、龙虎庄油田、顾辛庄油田、苏桥油气田和郑州潜山带郑州油田 5 个油气田，探明石油储量 $7519.19 \times 10^4 t$，占霸县凹陷总探明石油储量的 48.5%；探明天然气储量 $144 \times 10^8 m^3$，占霸县凹陷总探明天然气储量的 100%。

文安斜坡潜山带的勘探属于典型的城区勘探。三维工区内有文安县城和苏桥矿区，采集及处理均具有针对性，裂缝发育区的刻画基于城区采集处理的叠前深度偏移地震资料。

文安斜坡苏桥潜山奥陶系被石炭–二叠系覆盖，印支–燕山期未遭受风化淋滤作用，但受燕山期—喜马拉雅期网状断裂发育的影响而形成以发育网状断裂缝为主的储层，在地震剖面上表现为同相轴的变化、扭曲、振幅突变的特点。

图 5.24 为文安斜坡南段奥陶系构造曲率属性及相干属性裂缝检测结果，断层或线状构造及与之伴生的微裂缝发育区在最大正曲率属性［图 5.24（a）］上具有明显的分类、分带特征，表现为线条状或网状的曲率属性异常。曲率高值区位于奥陶系剥蚀区，呈北东向展布，预测为裂缝发育区；曲率低值区位于石炭–二叠系覆盖的地区，呈条带状北东向展布，在北东向断层附近，为裂缝较发育区，是断层控制的裂缝、溶蚀缝发育区。S8 井以西、WG2 井以南方向的空白区域即曲率低值区，预测为裂缝较不发育区或致密带，图 5.24（b）为奥陶系相干属性平面图，二者预测结果基本一致，最正曲率属性上异常特征更加明显，裂缝细节的刻画也较清晰。

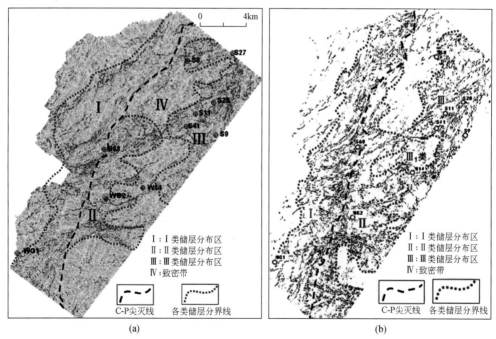

(a)　　　　　　　　　　　　　　　　(b)

图 5.24　奥陶系地层切片属性检测裂缝分布（奥陶系顶面下 250m）

（a）最正曲率属性；（b）基于倾角扫描的相干属性

苏桥潜山网状断层沟通地表水、地下水，致使该区溶洞体也较发育。在针对城区的高保真的叠前深度偏移处理资料中，奥陶系溶洞体在地震剖面上呈串珠状、点状、短轴状强反射、杂乱团状强反射等特征（图 5.25），分析认为对振幅变化较敏感的能量曲率能较好刻画溶洞体分布。能量曲率是对地震数据振幅进行横向二阶求导得到，输入数据为相干能量梯度。通过与多尺度分数导数指数（λ）滤波算法的能量曲率联合应用，能排除陡倾角剥蚀面的能量曲率变化，有效落实缝洞的位置及缝洞的大小。

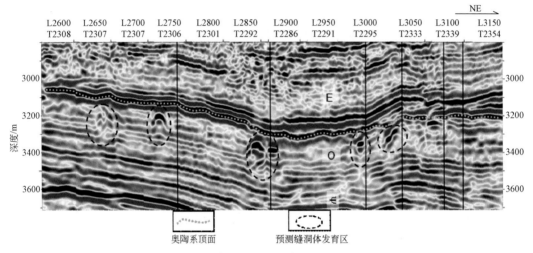

图 5.25　霸县凹陷缝洞体地震剖面

从奥陶系顶面下 250m 最负能量曲率（图 5.26）上可以看到，奥陶系剥蚀区曲率异常

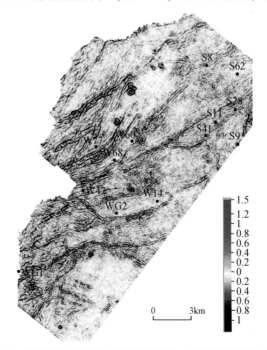

图 5.26　奥陶系地层切片最负振幅曲率（奥陶系顶面下 250m）

值呈大小不等团状分布，即是剖面上似串珠状、短轴状、强振幅杂乱反射在平面上的反映，预测为溶洞，预测最大溶洞面积为 $0.37km^2$。通过对不同尺度的效果分析对比（图5.27），小尺度曲率属性反映出溶洞的范围，大尺度曲率属性更能刻画溶洞的细节，不同尺度曲率属性的融合，能更好地反映溶洞体的分布。

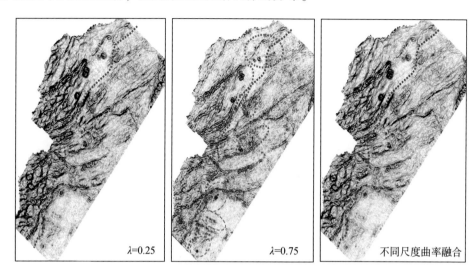

图 5.27　不同尺度能量曲率效果图

2. 叠前裂缝预测

地层中存在定向排列、相互平行的垂直或近似垂直裂缝介质等效为 HTI 介质，也称方位各向异性介质。纵波速度在裂缝介质中传播时，具有明显的方向性，即纵波沿垂直裂缝方向的传播速度要比沿平行裂缝方向的传播速度慢，且地震能量垂直裂缝时吸收衰减程度也比平行裂缝高，因此 HTI 介质具有明显的方位各向异性特征。随着"两宽一高"地震采集、OVT 域处理技术的进步，可以得到具有方位信息的 OVG 道集，为叠前分方位裂缝预测奠定了数据基础。

1）基于 OVG 道集的裂缝预测技术

应用 OVT 域处理技术得到的 OVG 道集即蜗牛道集，与常规处理得到的 CRP 道集的区别在于含有方位角信息，是进行方位各向异性研究的理想地震数据。Canning 和 Malkin[5]应用全方位三维偏移角道集进行 AVAZ 反演进行裂缝型储层表征；Nicolaevich 等[6]将全方位角度域偏移和 AVAZ 反演技术应用于碳酸盐岩储层裂缝预测；以上研究都充分显示了 OVT 域处理结果的高成像精度和全方位地震数据在勘探中的优势。

郝守玲和赵群[7]进行物理模型试验，研究裂缝介质对纵波方位各向异性的响应特征，发现振幅、速度与裂缝走向有如下关系：当测线方位与裂缝走向平行时（夹角为 0°），反射波振幅和速度最大；随着测线方位与裂缝走向之间夹角的增大，反射波的振幅和速度逐渐减小，当夹角为 90°时达到最小。

在共方位角道集中（图 5.28），平行于各向异性延伸方向（Az = 0°）的道集反射轴平直，而垂直于裂缝方向（Az = 90°）的道集大角度有明显下拉现象。在共炮检距道集上，近炮检距（offset＝50m）数据同相轴接近水平；远炮检距（offset＝4000m）数据的同相轴随着方位角的变化波动，平行各向异性方位具有同相轴上凸且（或）强振幅特征，垂直于各向异性的方位具有同相轴下凹且（或）弱振幅特征。

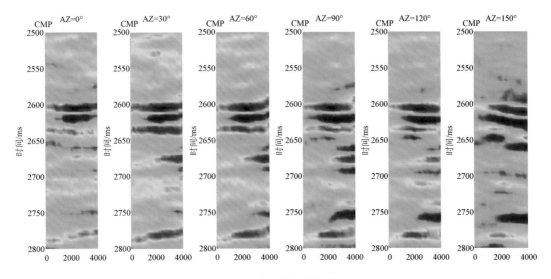

图 5.28　共方位角道集剖面

基于 OVG 道集计算能量的离散程度（方差），方差值即为成像点的各向异性强度。用单位扇形范围内能量统计归一化方法绘制玫瑰图，具有任意角度间隔各向异性识别的优点，玫瑰图花瓣个数不受限制，能实现多组裂缝预测的目的。

杨税务潜山带位于廊坊城市三维区（图 6.19），利用 2017 年城区采集处理解释一体化的地震数据进行杨税务潜山奥陶系峰峰组裂缝预测，基于叠后地震资料的相干属性预测大断裂带分布特征，基于 OVG 道集的多维解释技术预测各向异性强度。图 5.29（a）和（b）分别为峰峰组各向异性强度平面图、相干属性平面图，从图中可以看出，二者趋势一致，但各向异性强度能更好地展示线性断层附近微裂缝的发育范围，细节更丰富。

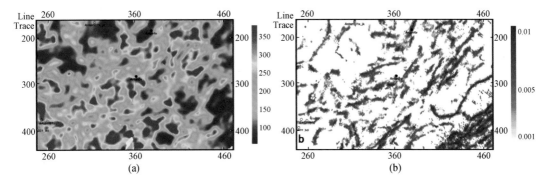

图 5.29　杨税务峰峰组裂缝预测平面图

2）基于分方位的叠前各向异性反演裂缝预测技术

叠前各向异性反演的理论基础为 Thomsen 提出的弱各向异性的理论，根据 Thomsen 弱各向异性近似，将均匀各向同性介质的反射系数描述为 HTI 介质的各向同性背景，将各向异性参数 δ、ε 和 γ 看成各向异性扰动。基于 HTI 介质模型应用无约束的快速傅里叶变换技术求取每个数据点的不同方位的振幅信息，即各向异性强度及各向异性的方向。

叠前各向异性反演思路：首先对 OVG 道集进行方位划分，对不同方位分别进行叠前同时反演，得到不同方位的弹性参数体，利用不同方位的弹性参数体开展各向异性反演，达到预测各向异性强度体的目的。

道集预处理：经过 OVT 域处理得到的 OVG 道集既保留了炮检距信息，也保留了观测方位信息。但从道集中抽出的不同炮检距的共炮检距剖面长度不同；抽出的不同方位的共方位角剖面长度也不同，因此会影响 OVG 道集的分析对比，需要改变 OVG 道集的分布方式，使其能够方便进行可视化显示、道集内任意剖面的抽取及分析。为了保证不同方位之间数据具有可比性，首先进行数据预处理，剔除大于最大非纵距的数据，保留炮检距小于最大非纵距的数据为后续的数据规则化做好准备。

道集规则化处理：在分方位数据处理中常用的是按照角度分扇区的方法进行数据拆分，这种常规的拆分方法存在着一系列的不足，如小偏移距数据采样不足、抗噪性差，大偏移距分辨率过低，远近道采样不均匀，方位道集 AVO 保真度低等。利用"矩形规则化"方法进行偏移距–炮检距域规则化，规则化后数据的方位角间隔和偏移距间隔的疏密程度要由原始数据的疏密程度而定，原则上以规则化后数据的数据量与原数据量没有大的变化为宜。规则化使道集在偏移距–方位角域进行了插值，使每一个偏移距都具有相同的道数，使得规则化后的数据方位各向异性规律性更强，矩形数据规则化方法在一定程度上具有压制噪声的作用，使道集品质得到整体提升。

方位划分原则：方位划分理论上是越多越好，但受覆盖次数限制，如果划分过多，首先信噪比会降低，地震资料品质无法满足叠前反演需求，其次会增加工作量；如果划分过少，则不能很好地表征方位各向异性，目前商业软件要求至少划分 6 个方位。如果研究区覆盖次数高，可以考虑分方位个数大于 6 个，考虑到工作量与效果平衡，建议划分为 7~9 个即可。

束鹿凹陷位于冀中拗陷西南部，地理位置在辛集城区内（图 6.2），沙三下沉积期是束鹿凹陷湖盆形成与发展的重要时期，同时也是凹陷内泥灰岩地层沉积阶段，尤其在中洼槽沉积了巨厚的泥灰岩，南洼槽和北洼槽相对较薄。凹陷内以扇三角洲、滑塌扇和湖相沉积为主，其中滨浅湖区以受沿岸流和波浪改造的扇三角洲沉积为主，而半深湖和深湖区除滑塌扇沉积外，还发育浊流沉积以及正常的悬浮沉积。良好的生油岩基本都位于半深湖和深湖相沉积中。束鹿凹陷中洼槽沙三下亚段泥灰岩埋深适中，为 3000~6500m，分布广、厚度大、成藏条件好。有效储层以灰质砾岩和纹层状泥质灰岩为主，储集空间类型丰富，包括砾内孔、贴砾缝、砾内缝、粒间孔、粒内孔、有机质孔及其相关孔隙、微裂隙等，属于特低孔特低渗储层，油气藏类型为典型的致密油气藏。

在已钻井中有多口井获得了工业油流，特别是 2012 年完钻的 ST1H（P）井揭示泥灰岩油气显示活跃、厚度大，证实该领域具有良好的勘探前景。2014 年冬至 2015 年春，针对包括辛集城区在内的束鹿北洼槽实施三维地震采集，三维地震采集横纵比达到 1.0，覆盖次数为 256 次。在泥灰岩致密油研究中，充分利用针对城区新采集处理攻关的地震资料，利用叠前各向异性反演技术开展裂缝预测，综合考虑工作量及地震资料的信噪比（图 5.2），划分为 7 个方位。

分方位叠前同时反演与常规叠前同时反演方法原理和做法相同。最终得到各个方位的弹性参数数据体，如 VP/VS 属性等。例如，辛集城区经叠前同时反演得到 7 个分方位数据的 VP/VS 数据体（图 5.30）等。分方位叠前反演得到的弹性数据体是各向异性反演的基础输入数据，所以叠前反演的结果将直接影响各向异性反演的结果。

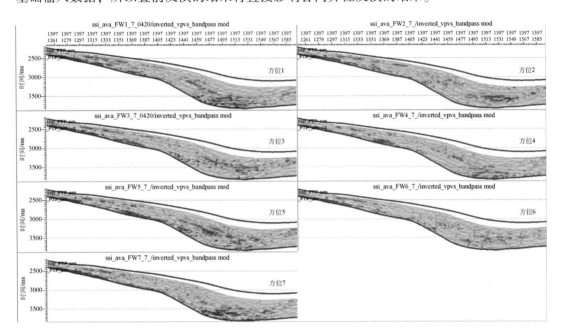

图 5.30　不同方位 VP/VS 反演剖面图

辛集城区应用 VP/VS 进行各向异性反演（图 5.31），红色表示各向异性强度大，蓝色表示各向异性强度小。从井的产液量可以看出，各向异性强度越大即裂缝越发育，油气产量越高。该技术的优势在于应用了对裂缝相对敏感的 VP/VS 属性进行各向异性预测，且预测结果精度较高。图 5.31 为连井各向异性强度剖面图，红色表示强各向异性，蓝色表示弱各向异性，结合裂缝测井解释成果（Ⅰ级裂缝、Ⅱ级裂缝和Ⅲ级裂缝），ST1H（P）井是一大斜度井，水平段位于裂缝发育区，日产油 243.6m³；J98x 井发育Ⅰ级裂缝厚度占地层厚度的 27.8%，Ⅱ级裂缝占 43.9%，裂缝非常发育，日产油 23.13m³；J97 井Ⅰ级裂缝厚度占地层厚度的 2.7%，Ⅱ级裂缝占 5.9%，日产油 16.63m³；ST3 井不发育Ⅰ级裂缝，但Ⅱ级裂缝厚度占地层厚度达 36.1%，日产油 67.32m³；J116x 井Ⅱ级裂缝较发育，日产油 15.9m³，总体与实钻井情况吻合。

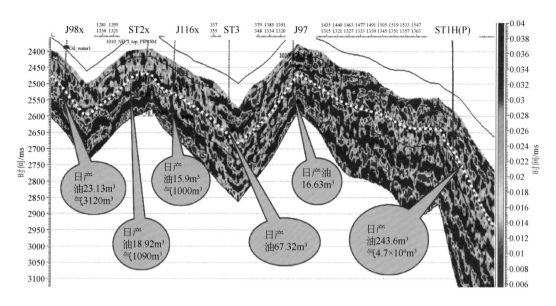

图 5.31　ST1 井区连井各向异性强度预测剖面图

5.3.3　含油气性预测

储集层含油气性是三维地震资料解释的主要研究内容之一。城区钻井密度小且分布不均，而无井或少井区储层的含油气预测主要基于地震属性开展，叠后频率属性和叠前 AVO 属性、方位质心频率属性等是城区勘探含油气性检测的主要方法。

1. 叠后频率类属性

叠后油气检测的理论基础来源于 Biot 双相介质理论。双相介质指的是由具有孔隙的固体骨架（即固相）和孔隙中所充填的流体（即流相）所组成的介质。Biot 理论认为，当地震波穿过双相介质时，固相和流相之间产生相对位移并发生相互作用，产生第二纵波。第二纵波速度很低，且极性与第一纵波相反。实际地震记录是第一纵波与第二纵波的叠加，其动力学特征与单相介质的不同。当地震记录经过含油气地层时，地震记录会出现低频端能量相对增强，而高频端能量相对减弱的现象。

Silin 等[8]推导出了包含着动力学特征的反射系数公式：

$$R = R_0 + \tilde{R}_1 \sqrt{i - \tau\omega} \sqrt{\frac{\kappa Q_b}{\eta}\omega} \tag{5.4}$$

式中，R_0、R_1 为包括储层和流体机械性质的无量纲参数；ω 为角频率；κ 为渗透率；η 为黏滞性；Q_b 为饱含流体岩石的体密度；τ 为 Darcy 定律的张弛时间。在地震频率为 1kHz 以下时，$\varepsilon = \frac{\kappa Q_b}{\eta}\omega$ 的值很小；而当 $\varepsilon = 0$ 时，反射系数达到低频的最大值。

该式表现了反射波振幅与频率、岩石物性和流体性质有关。如果渗透率与流体的活动性有关，在低频频率给定的情况下，反射振幅与渗透率呈函数关系。

Goloshubin 和 Silin[9] 提出了低频斜率和高频延迟等概念，这些属性与流体活动性有关（图 5.32）。低频斜率是指低频段的斜率，即图中粉色虚线为粉色频谱的低频斜率，蓝色虚线为蓝色频谱的低频斜率；高频延迟是指峰值频率到有效频率最高值（如 80 Hz）的延迟长度。

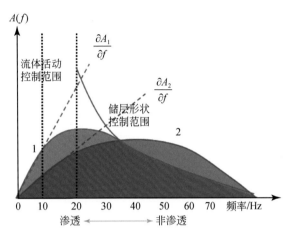

图 5.32　流体活动性属性示意图

振幅谱的斜率 $\frac{\partial r}{\partial f}$ 也被称为谱梯度，是振幅谱随频率的变化率，被用来预测流体活动能力。低频段为受流体活动能力控制区域，低频斜率 $\frac{\partial A}{\partial f}$ 即为反映流体活动能力的谱梯度，则

$$\frac{\partial A(t,f)}{\partial f} \approx \frac{A(t,f+\Delta f)-A(t,f)}{\Delta f} \tag{5.5}$$

式中，$A(t,f)$ 为时间为 t 频率为 f 时的地震反射振幅；$A(t,f+\Delta f)$ 为时间为 t、频率值为 $f+\Delta f$ 时的地震反射振幅；

地震资料计算频带部位、计算时窗参数和频率步长参数对振幅谱梯度数据体计算结果的可靠性影响较大。在流体活动性属性数据体计算过程中，核心内容是确定计算频带参数、时窗参数和频率步长参数。这些参数适当与否将直接影响到计算结果能否应用于优质储层的预测和预测结果的精度。

单频振幅（或共频振幅）数据体的计算方法可以使用短时窗傅里叶变换、小波变换、最大熵等方法；当计算时窗小于 30 个样点时，傅里叶变换方法的计算结果失真，增加了地震资料流体活动性属性数据体的多解性，降低其可靠性；当频率步长参数过大时，振幅谱梯度数据体将遗失大量反映储层细节特征的信息，而频率步长参数太小时，流体活动性属性数据体受信噪比影响较大，降低其对优质储层识别能力。此外，在目的层段地震资料信噪比较低时，计算的流体活动性属性的识别能力降低，相应解释结果的可靠性不高。

2. 叠前 AVO 属性

叠前油气检测技术主要理论基础是 AVO 技术，该技术是利用叠前道集资料，分析反射波振幅随偏移距（即入射角 α）的变化规律，估算界面两侧的弹性参数泊松比，进一步推断地层的岩性和含油气性。该技术完全依赖叠前道集，非常适用于城区储层的油气检测。

　　基于"两宽一高"地震采集数据的 OVT 域偏移处理技术能够得到更丰富的地震数据。除可得到常规处理所能得到的全叠加成果数据和部分叠加数据外，还可以得到一种新的叠前道集：OVG（Offset Vector Gather）道集，该道集较常规 CRP 道集能量更保真。在常规的 CRP 道集中，由于地震资料采集观测系统的限制，偏移之前 CMP 道集内偏移距分布不均，近偏移距和远偏移距道集的覆盖次数少、中偏移距的覆盖次数多，造成 CRP 道集出现中间能量强、两边能量弱的"纺锤形"现象［图 5.33（a）］，这种现象掩盖了叠前道集的 AVO 特征，不利于含油气性检测。在 OVG 道集上［图 5.33（b）］，由于进行了数据规则化，使远中近偏移距的数据量均等，从而消除了叠前道集中的"纺锤形"现象，为 AVO 属性分析提供了更为保真的基础资料。

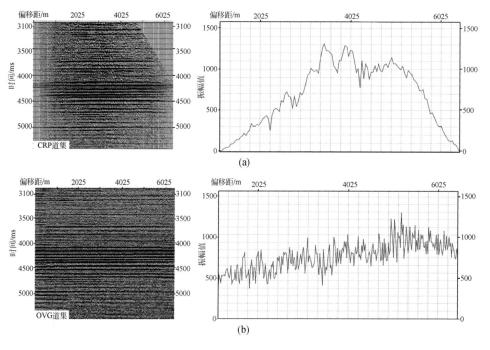

图 5.33　CRP 道集与 OVG 道集能量对比图

　　图 5.34 是西柳地区分入射角叠加的剖面，从图中可以看出，从近偏到远偏，能量逐渐变弱，利用远偏部分叠加数据与近偏部分叠加数据相减，可以得到远偏与近偏的能量差异属性数据体（图 5.35），从该连井剖面可以看出，出油层段位于强谷处，也即远近能量差异大的地方，而水井处于能量差异小的地方，甚至远道能量比近道能量还略强，从已知井分析认为该属性能较好反映 AVO 特征，能检测油气发育情况。

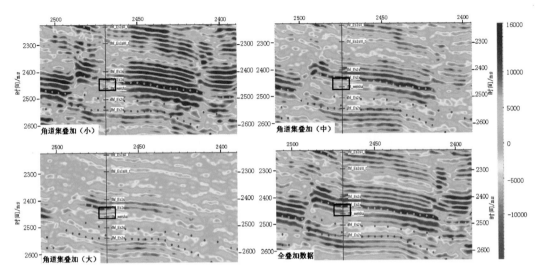

图 5.34　不同部分入射角叠加剖面对比图

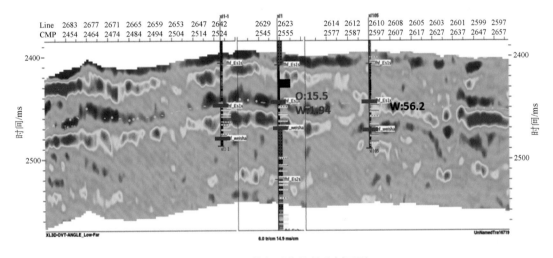

图 5.35　远偏与近偏能量差剖面图

3. 叠前方位质心频率属性

前人大量的研究结果证实，地震的频谱对储层尤其是流体比较敏感，在此基础上诞生了一系列的储层预测和流体检测方法，然而在实际生产中发现，地震资料的频谱特征除受储层和流体等因素影响外，还受到地层埋深、上覆异常地质体等非储层流体因素影响。那种给定频率范围进行流体检测的方法会受到人为因素的影响而导致结果有一定的随意性。

质心频率是一种通过自动识别频谱的最大频率（f_{max}）和最小频率（f_{min}），来计算频谱的横向差异，进一步达到识别储层含油气性的目的。

具体含义如图 5.36 所示：f_{mean} 为中值频率，f_{mc} 为半能量频率，质心频率指示参数计算如下：

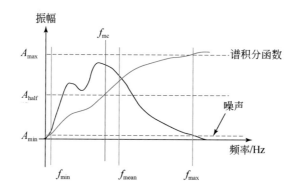

图 5.36　质心频率示意图

$$\Delta f_1 = \frac{f_{mean} - f_{mc}}{f_{max} - f_{min}} \qquad (5.6)$$

Δf_1 值越大，低频能量越大，反映高频衰减明显。

Δf_1 值越小，高频能量增大，反映高频相对增加。

饶阳凹陷同口三维位于高阳城市周边，三维内的高阳县、同口等镇人口密集，同口三维资料面积为 $280km^2$，已钻井仅 6 口，勘探程度低，储层预测更多依赖于 2014 年采集的"两宽一高"地震数据。通过充分利用"两宽一高"地震数据，在该区滩坝砂薄储层预测和含油气检测方面进行了新的尝试。

图 5.37 是不同偏移距的方位角道集，受各向异性影响，同相轴反射特征在 0° 到 360° 方位角范围内呈周期变化。图 5.38（a）是蜗牛道集共方位叠加后的方位角道集，图 5.38（b）

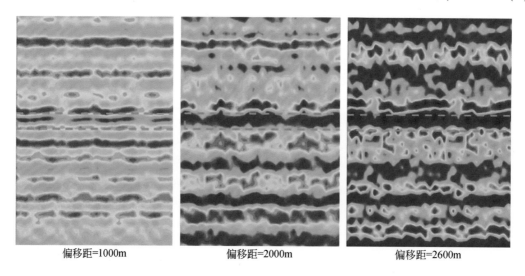

偏移距=1000m　　　　　偏移距=2000m　　　　　偏移距=2600m

图 5.37　共偏移距方位角道集（虚线框内为目的层）

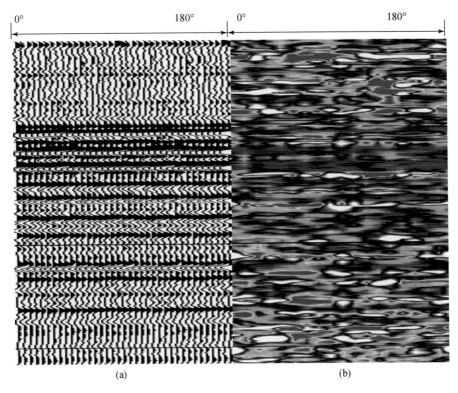

图 5.38　偏移距方位角道集及其对应的质心频率道集

(a) 全偏移距方位角道集；(b) 分方位质心频率剖面

是与之对应的质心频率属性，可见不同方位质心频率值的大小不同，反映了不同方位的频谱特征的变化。根据不同的地质特征，选取优势方位的频谱变化规律，刻画油气分布。

经井震分析认为：同口地区尾砂岩发育程度与地震相关系密切。储层越发育，地震频率越高、振幅越强。基于 OVT 域处理得到的数据利用质心频率属性进行了含油气性检测。以 OVT 域处理后的全叠加资料进行质心频率分析，得到的预测结果［图 5.39（a）］与波形聚类分析预测的远岸砂坝分布区域一致，老河头西断层以西受断层影响，预测结果可靠性低，且资料边界异常比较明显。已钻井与预测结果有一定的吻合性：位于有利含油区边缘的 g62 为油井，日产油 5.6m³，g1 为水井，日产水 32.7m³。新钻的 gb1 井在尾砂岩段全烃气测异常达 67%，显示良好。利用叠前 OVG 道集进行尾砂岩含油气性预测图［图 5.39（b）］可见：边界异常几近消失，含油气范围明显减小，符合构造-岩性油藏的成藏特点，gb1 井含油区和 g62 分离，是两个独立的含油气单元，更符合该区的地质认识。

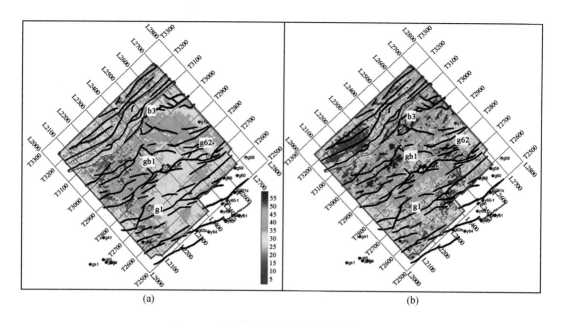

图 5. 39　不同数据质心频率预测效果对比图

（a）叠后数据质心频率油气预测平面图；（b）叠前数据质心频率油气预测平面图

参 考 文 献

［1］陆基孟 . 2001. 地震勘探原理（下册）［M］. 东营：石油大学出版社 .

［2］刘洋，李承楚 . 1997. 地震资料信噪比估计的几种方法［J］. 地球物理勘探，32（2）：286 ~ 287.

［3］Ninassi A, Le Meur O, Le Callet P, Barba D. 2008. On the performance of human visual system based image quality assessment metric using wavelet domain［J］. Proc. HVEI, 6806：12.

［4］Andy Roberts. 2001. Curvature attributes and their application to 3D interpreted horizons［J］. First Break, 19（2）：85 ~ 100.

［5］Canning A, Malkin A. 1949. Automatic anisotropic velocity analysis for full azimuth gathers using AVAZ［C］// SEG Technical Program Expanded.

［6］Nicolaevich I A, Viktorovich S I, Vasilyevich G A, et al. 2013. Applying full-azimuth angle domain pre-stack migration and AVAZ inversion to study fractures in carbonate reservoirs in the Russian Middle Volga region［J］. First Break.

［7］郝守玲，赵群 . 2004. 裂缝介质对 P 波方位各向异性特征的影响-物理模型研究［J］. 勘探地球物理进展，27（3）：189 ~ 194.

［8］Silin D B, Korneev V A, Goloshubin G M, et al. 2004. A hydrologic view on Biot′s theory of poroelasticity［A］. Office of Scientific & Technical Information Technical Reports.

［9］Goloshubin G, Silin D. 2005. Using frequency-dependent seismic attributes in imaging of a fractured reservoir zone［J］. SEG Technical Program Expanded Abstracts, 24（1）：1417.

第6章 城市油气三维地震勘探实践

中国老油区勘探、开发程度较高，要实现持续发展，必须开拓新的领域和区带。城市油气三维地震勘探技术为中国特别是东部老油区持续发展提供了新空间。地处吉林省松原市的扶余油田实施三维地震勘探后，助力油田年产量重上百万 t，使老油田重新焕发了青春。盘锦市兴隆台区城市三维勘探实施后，为辽河油田兴隆台潜山勘探发挥了重要作用。华北油田的冀中拗陷开展城市三维地震勘探时间早、涉及城市数量多、面积大、勘探成效明显，是城市三维地震勘探的典型代表。

冀中拗陷主要富油凹陷有廊固凹陷、霸县凹陷、饶阳凹陷、深县凹陷、束鹿凹陷、晋县凹陷等。包括含油城区 16 个：1 个直辖市，即天津市；1 个地级市，即廊坊市；14 个县或县级市，分别为固安县、永清县、霸州市、文安县、任丘市、高阳县、河间市、肃宁县、蠡县、博野县、深州市、辛集市、晋州市和赵县，城区总面积为 566km²。受勘探技术限制，2004 年以前，以上城区除赵县外，均为三维地震资料空白区，既制约了城市地震勘探进程，又影响了其所处凹陷的整体研究与评价。

自 2004 年以来，随着城市三维地震资料采集技术不断进步，相继在上述城市开展了三维地震勘探。截至 2017 年底，冀中拗陷已部署完成城区三维地震采集 13 块（图 6.1），包括杨税务-泗村店三维（廊坊市城区）、固安三维（固安县城区）、河西务中南段三维（天津市永清区城区）、霸州城区-左各庄三维（霸州市城区）、文安城东三维（文安县城区）、任丘北城区三维及马西-八里庄三维（任丘市城区）、高阳-博士庄三维（高阳县城区）、河间城区三维（河间市城区）、肃宁北三维（肃宁县城区）、蠡县南三维（蠡县城区、博野县城区）、深县洼槽三维（深县城区）和束鹿北三维（辛集市城区）。

通过城市三维地震勘探工作实施，形成了大型城矿区地震勘探配套技术，包括"两宽一高"地震资料采集、处理和解释技术及基于城市地震资料的复杂构造解释和储层及含油气性预测等技术。这些针对性技术的发展与完善，推动了城市勘探进程，主要包括如下三个方面。

一是针对城市勘探有利区实施三维地震采集，改善了资料品质，助力实现规模油气发现。通过杨税务-泗村店三维采集、处理、解释一体化实施，提高了三维地震资料的成像精度和信噪比。在 AT501x 井钻探之前，根据深度偏移处理的地震资料进行了调整。钻探结果表明：AT501 井实钻进山深度与地震资料深度吻合，证明三维地震资料准确可靠，为该区 2018 年上交探明天然气储量超 60 亿 m³ 奠定了资料基础。

二是填补了三维地震资料空白，城市及周边地区勘探取得良好成效。文安城东三维地震勘探实施后，钻探 su70、su71 等 7 口井获得成功，上交预测储量 5000 万 t 以上；任丘城区三维地震勘探实施后，发现落实了长洋淀潜山，钻探 C3 获得 500m³ 以上高产、C6 井获 100m³ 以上高产，开辟了冀中拗陷隐蔽型潜山勘探新局面；束鹿北城区三维实施后，古近系复杂断块领域、地层岩性领域和潜山领域钻井均获成功，实现了束鹿凹陷 30 年来的勘探突破。

图 6.1　冀中拗陷城区三维地震分布图

1. 杨税务–泗村店三维；2. 固安三维；3. 河西务中南段三维；4. 霸州城区–左各庄三维；5. 文安城东三维；6. 任丘北城区三维；7. 高阳–博士庄三维；8. 马西–八里庄三维；9. 河间城区三维；10. 肃宁北三维；11. 蠡县南三维；12. 深县洼槽三维；13. 束鹿北三维

　　三是为全凹陷三维连片工作奠定了基础。以覆盖全凹陷的区域三维地震资料为基础（图6.1），经全凹陷整体认识、整体评价，助推了规模储量发现。目前在冀中拗陷已完成饶阳凹陷、廊固凹陷、霸县凹陷和束鹿凹陷共四个凹陷的三维连片处理、解释以及冀中拗陷潜山目的层三维连片处理解释，取得了规模油气勘探发现。饶阳凹陷是最早完成三维连片的凹陷，也是目前冀中拗陷三维地震资料覆盖面积最大的凹陷。三维连片地震勘探实施后，累计新增三级储量近 3 亿 t，已升级探明储量超过 5000 万 t，累计新建产能 100 万 t 以上。廊固凹陷三维连片处理解释实施后，在大柳泉构造获得油气勘探新发现，新提交预测储量、控制储量合计 6000 万 t 以上；霸县凹陷三维连片处理解释实施后，在文安斜坡河道砂岩性领域、高家堡构造带获得勘探新发现，新上交预测储量、控制储量合计 7000 万 t 以上；束鹿凹陷三维连片处理解释实施后，在潜山领域、地层岩性领域和复杂断块三个勘探领域 10 口井获得工业油流，新上交预测储量、控制储量合计超过 3000 万 t。潜山三维连片处理解释实施后，在杨税务潜山钻探 AT1x 风险井、AT2x 井等五口井获得勘探新发现，新上交天然气预测储量 180 余亿 m^3，为京津冀地区污染防控提供了清洁能源保障。

6.1　辛集城市三维地震勘探

6.1.1　工区概况

束鹿凹陷是一个以古生界为基底的新生代东断西超、北东向展布的条带型箕状凹陷，总勘探面积约 1200km²，在南北方向上存在南小陈、台家庄-束鹿、荆丘-车城三个北西向展布的继承性古隆起，将凹陷分成南、中、北三个次级洼槽。据三次资源评价，凹陷石油总聚集量 $1.2×10^8t$，截止到 2014 年，探明石油地质储量 $3464.16×10^4t$，剩余石油资源量 $0.86×10^8t$。

2011～2014 年，束鹿凹陷勘探实现两项新突破和一项新进展：一是深化束鹿凹陷南部地质认识，先后实施钻探的 S4、S6 以及 JG19 井在中浅层均获高产工业油流，实现了南洼岩性及变质岩潜山勘探新突破；二是强化沙三下泥灰岩、砾岩油气富集规律的总体认识，钻探 ST1H、ST2x、ST3 井均获成功，实现了深层致密油勘探新突破，进一步拓展了束鹿凹陷勘探领域；三是针对整个西斜坡顺向断层控制的圈闭，近年来陆续发现厚油层，证明在砂地比高的西斜坡，反向、顺向断层控制的圈闭均有成藏的可能性，进一步拓展了勘探发现的空间。束鹿凹陷展现出良好的勘探前景。

束鹿凹陷北洼槽油气探明最少，勘探程度低；尤其是包括辛集城区在内的北洼槽斜坡带，内带发育顺向断块群，外带发育地层-岩性圈闭，构造背景良好；多口井在斜坡区新近系馆陶组、古近系及潜山奥陶系见到良好油气显示，表明该区具备较好的成藏条件，勘探前景良好，该区大部分仍为二维资料区，无法满足当前精细油气勘探的需求。为了推动束鹿凹陷北洼槽油气勘探，经过详细的论证分析，决定实施束鹿凹陷北部三维地震勘探项目。

6.1.2　地震资料改善情况

2014 年冬至 2015 年春，针对包括辛集城区在内的束鹿北洼槽实施三维地震采集，覆盖面积为 212km²（图 6.2）。地质任务主要是得好新近系馆陶组、古近系东营组、沙一段、沙二段、沙三段、潜山及内幕地震反射；确保新河断层界面清楚，斜坡区小断层断点清楚；反映岩性体形态清楚；确保目的层信噪比的同时，提高分辨率，保证资料能量的均衡性。

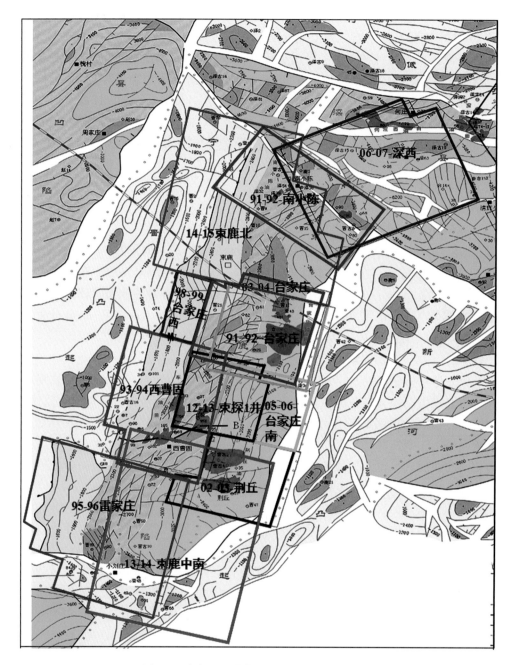

图 6.2　束鹿北洼槽实施三维地震勘探部署图

1. 辛集城区地震资料采集

该区地震采集的难点主要是辛集城区及周边密集的城镇区地表条件复杂，干扰严重，激发点、接收点布设难度大。辛集市工农业发达，是中国四大皮都之一，是河北省综合经济实力"十强"县市之一。辛集城区位于部署区的西南部，东西宽约 6km，南北长约 8km，与周边村镇连片形成面积约 45km^2 的大型障碍区（图 6.3）。复杂的地表条件带来的难点主要有：一是城区内房屋密集连片，激发点位设计难度大；二是接收条件差；三是干扰严重，资料信噪比低。

图 6.3　辛集城区位置图

针对城区复杂地表，本次采集主要采用了六项采集技术：一是基于大型复杂城区构造特征的特观设计及实施技术，基于高清航片的炮点预设计技术、片状+束状长排列观测系统设计技术和井震联合激发技术。二是炮点精细踏勘及优化实施技术，通过逐一排查，剔除危险点位，在城区内共落实空地 44 块，布设井炮 1936 炮；通过精细城区道路踏勘，剔除道路两侧危险源附近的震源点位，共落实可震城区道路 44 条，完成 1638 炮震源炮（图 6.4），根据特观方案覆盖次数分析，可控震源覆盖次数在城区中心区域达到了 100 ～

图 6.4　辛集城区激发点点位分布图

140 次，井炮覆盖次数在城区外围达到了 120 次以上，在中心区覆盖次数为 30～70 次。可控震源、井炮联合分析，总体上城区覆盖次数达到了 150 次以上。三是噪声监控及压制技术。四是精细表层调查技术，针对辛集城区布设炮点区微测井密度为 1 个/km²；在低降速带变化剧烈区采用动态设计控制点，在城区空地及周边加密了 13 口微测井，确保表层结构模型精度；针对不同表层结构，布设表层 Q 值调查点 8 个。五是城区地质雷达近地表障碍调查技术，辛集城区内共完成地质雷达道路探测约 80km、空地总长约 10km，落实道路 43 条、剔除危险震源炮点 217 炮。六是建立城区施工信息数据库，保证施工平稳顺利。

　　六项技术的应用，提高了城区资料的信噪比，资料品质较为稳定，为后期保真保幅处理奠定了良好的资料基础。从叠加剖面（图 6.5）看，本次三维采集采用宽方位、高覆盖的观测系统，城区采用 24 条排列加 10～12 条小排列接收、井震联合激发的特观方案，总体覆盖次数达到了 150 次以上，城区剖面信噪比较高，T_2-T_g 各目的层波组特征明显、反射连续性好，主要目的层段反射信息丰富，资料品质较为稳定，为后期保真保幅处理奠定了良好的资料基础。

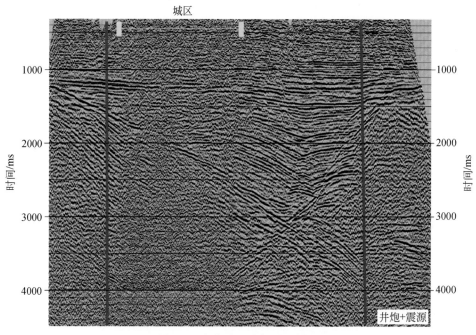

图 6.5　辛集城区叠加处理剖面

2. 辛集城区地震资料处理

　　根据辛集城区资料的特点和本区三大勘探领域的地质需求，处理过程中采用四项关键技术，提高了本区的资料品质。一是辛集城区混合震源激发资料处理技术，包括混合震源一致性处理技术、低频能量补偿技术、基于傅里叶变换的数据规则化处理技术；二是针对复杂断块目标的基于低频保护的各向异性偏移处理技术，主要是以地质需求为导向，进行低频补偿、各向异性速度优化及偏移、偏移后处理过程中增加了 CRP 道集随机噪声压制工作；三是针对岩性目标的提高分辨率配套处理技术，主要是采用目标低频补偿、构造约束 Q 补偿、井约束反褶积、叠后零相位化、处理解释一体化频率波数域优势频带岩性识别

"五步法"进行提高分辨率处理；四是针对潜山目标处理技术，主要是采用解释性目标处理、基于低频保护的井控提频处理、精细解释速度场和叠前时间偏移、目标处理后的滤波处理试验优选优势频带、深度域数据解释性处理等多手段结合的方式进行。

通过对城区新采集资料开展的基于低频保护的各向异性偏移处理，复杂断块区信噪比明显改善，断层识别度显著提高（图 6.6），为下步精细落实构造圈闭提供了基础。通过针对岩性开展提高分辨率攻关处理，使得攻关后地震资料信息更加丰富，尤其是以河流相沉积为主的馆三段地震反射横向变化明显，为下步识别河道砂提供了良好的基础（图 6.7）。

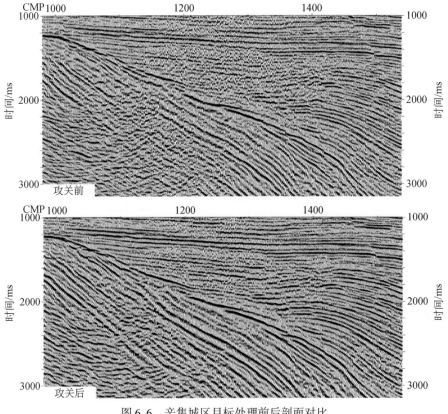

图 6.6　辛集城区目标处理前后剖面对比

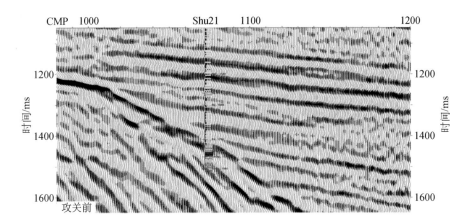

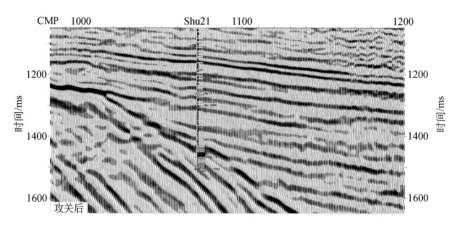

图 6.7　提频处理前后对比剖面

通过针对潜山开展目标攻关处理，地层接触关系更加清楚，潜山之上覆盖的砾岩与潜山之间超覆特征清楚，潜山内幕构造特征更加清晰，尽管 Tg 不整合面呈弱反射特征，但可以识别（图 6.8）。

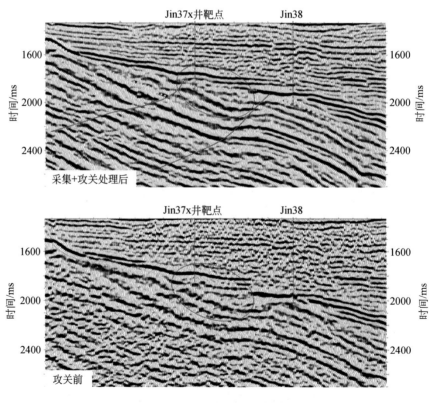

图 6.8　过 Jin37x 井地震剖面对比图

6.1.3　精细解释成果及勘探成效

在束鹿北城市三维地震资料采集处理的基础上，通过构造精细解释、沉积储层研究、成藏分析和精细评价，推动了束鹿北地区在构造勘探领域、岩性勘探领域和潜山勘探领域的油气勘探取得了新进展。

1. 构造勘探领域

针对束鹿北洼槽构造勘探领域，主要是利用束鹿北城市三维地震资料开展精细解释落实构造圈闭，并结合成藏条件精细评价目标，推动了油气勘探取得进展。

一是精细构造解释，改变构造特征认识，新发现一批构造圈闭。从新老构造图对比（图 6.9）看：辛集城区构造形态发生变化，束鹿北地区构造细节更加清楚，新增大小断层 220 条；在辛集城区发现鼻隆构造，该构造属于台家庄西构造北翼，被北东、北西向和近东西向断层分割为多个断块、断鼻构造，共新发现、落实 18 个未钻局部构造圈闭，为束鹿斜坡北段的下一步勘探提供了圈闭储备；此外，束鹿凹陷北边界的衡水断裂上升盘和下降盘，受衡水断层控制的羽状断裂体系影响形成了一系列的断块、断鼻构造，共发现落实了 15 个未钻构造圈闭；新发现落实圈闭总面积达 76km²，预测资源量约 6070 万 t。

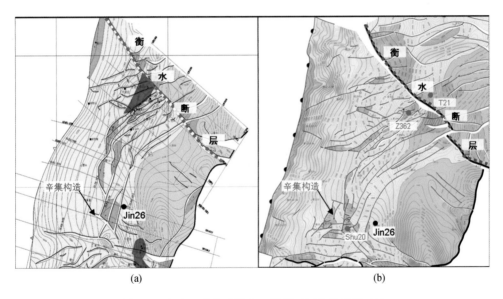

图 6.9　束鹿凹陷北洼槽沙三段顶面新老构造图对比

（a）2011 年；（b）2015 年

二是结合已知油气藏分析，优选了有利钻探目标。通过对束鹿凹陷西斜坡已知油藏进行分析表明：该区顺向、反向断块均可成藏，发育北西向或近东西向调节断层的区块成藏条件更好；紧邻油源断层的断块有利于成藏，油气通过 Tg 不整合面横向运移或新近系活动的、与沙三下段烃源岩沟通的断层及其分支断层垂向运移；西斜坡中带处于三角洲前缘有利沉积相带，储盖组合条件好，且利于形成随机封挡。辛集城区、衡水断层下降盘中段发育北西向或近东西向调节断层，临近油源断层，且处于三角洲前缘有利沉积相带，是有利的钻探目标区。

通过研究，针对辛集城区、衡水断层下降盘共部署探井 3 口，针对衡水断层下降盘成排分布的断块构造部署的 T21x 井在沙二段获得日产 $10m^3$ 以上的工业油流，针对衡水断层上升盘南小陈断块圈闭群钻探的 Z362x 井在沙二段获低产，针对辛集构造部署的 Shu20 井待钻。

2. 岩性勘探领域

斜坡北段外带馆陶组埋藏浅、勘探潜力大，是效益勘探的重点领域。斜坡北段临近束鹿北洼槽和深县凹陷深西洼槽，处于油气运移指向区；辛集城区处于大型鼻状构造背景下，聚油背景好；油气显示丰富，是斜坡北段外带馆陶组岩性领域勘探的首选区带。在构建束鹿西斜坡成藏模式的基础上，利用束鹿北城市三维地震资料进行沉积储层研究，识别岩性圈闭，并结合油源条件评价有效目标，有望获得勘探新发现。

一是重新构建了岩性圈闭模式。已钻井分析表明：新近系馆陶组馆三段可分为上、下两个亚段，上亚段为泥岩发育段，是区域性盖层，下亚段为砂砾岩发育段为主要储集层段，为主要显示层段（图 6.10）。以往认为馆三下亚段全部为砾岩沉积，利用新资料，结合钻井重新统层，明确该段岩性横向变化大，除大部分地区发育厚层砾岩沉积外，还有部分地区或以砂岩沉积为主，或以泥岩沉积为主，或以火成岩沉积为主，具备形成岩性圈闭的条件。目前在馆三下亚段已有 10 口井见直接油气显示，5 口井试油见到油花，且产液量高，说明储层物性好，分析表明这批钻井可能钻探于岩性圈闭低部位，落实岩性圈闭，钻探圈闭高部位是下步勘探研究的重点。

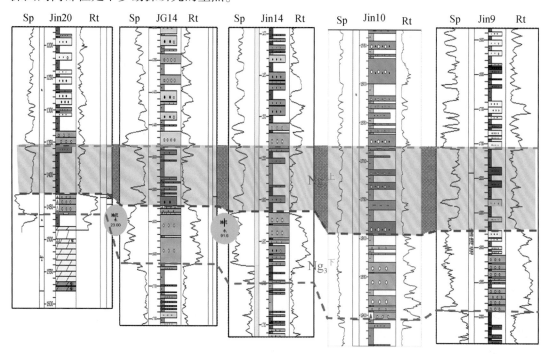

图 6.10　束鹿北地区 Jin20-JG14-Jin14-Jin10-Jin9 连井对比图

二是利用城区三维资料预测了有利储层分布，新发现 9 个岩性圈闭。从井震联合对比剖面图上可以看出：砾岩、砂岩、泥岩发育区反射特征有明显差异（图 6.11）。进而分析束鹿凹陷北部馆三下亚段四种主要类型的沉积相与地震相的对应关系：第一种类型为火山岩侵入体，其上或其下为砾岩、含砾砂岩，地震相表现为强振幅连续低频反射；第二种类型为河道沉积，以砾岩沉积为主，夹薄层泥岩，地震相表现为中强振幅连续中频反射；第三种类型为河漫滩沉积，以泥岩与含砾砂岩互层沉积为主，可见薄层砾岩；第四种类型为泛滥平原沉积，以泥岩沉积为主，可见薄层砾岩，地震相表现为弱振幅中连续低频反射（图 6.12）。在地震相分析的基础上，利用振幅属性进行岩性预测，明确了馆三下亚段岩性圈闭发育区，从馆三下亚段均方根振幅属性图（图 6.13）可以看出：表现为强振幅反射特征的玄武岩发育区主要位于工区南部，面积局限，表现为中强振幅反射特征的河道亚相砾岩发育区在工区东部及南部大面积分布，表现为中弱振幅反射的河漫滩亚相砂砾岩发育区主要分布在西部斜坡区，表现为弱反射的泛滥平原亚相泥岩发育区分布在西斜坡高部位，斜坡中低部位砂砾岩有利储层受高部位的泥岩封挡易形成岩性圈闭，因此斜坡中低部位河漫滩亚相砂砾岩分布区是岩性圈闭发育区。结合地震属性、地震反演结果，对斜坡区馆三下亚段砂砾岩体进行追踪解释，发现上倾有利岩性体 9 个，总面积 38.9km^2，预测资源量 3680×10^4 万 t（图 6.14）。

三是分析馆陶组油源条件，评价优选了有利勘探目标。束鹿北部西斜坡处于油气运移指向区，具备双向供油的有利条件，油源来自束鹿凹陷北洼槽和深西洼槽，油气在馆陶组不整合面沿运移脊向中南部高部位的岩性圈闭运移，因此，南部 6 个圈闭成藏条件更有利，部署钻探束 21 井获 20m^3 以上工业油流，展示了馆陶组岩性领域的良好勘探潜力。

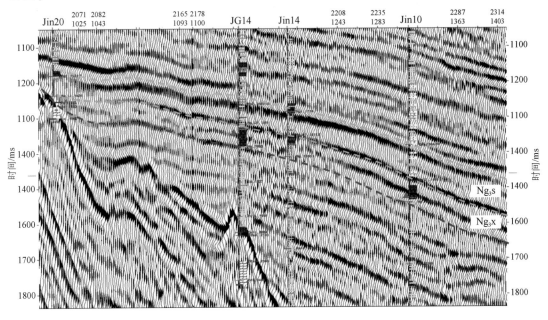

图 6.11　束鹿北地区 Jin20-JG14-Jin14-Jin10 井震联合对比剖面图

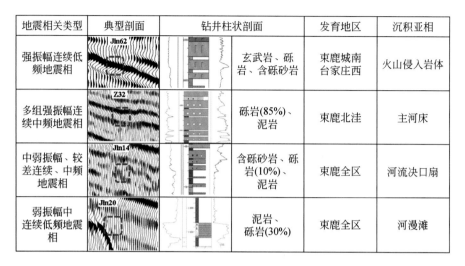

地震相关类型	典型剖面	钻井柱状剖面		发育地区	沉积亚相
强振幅连续低频地震相	Jin62		玄武岩、砾岩、含砾砂岩	束鹿城南台家庄西	火山侵入岩体
多组强振幅连续中频地震相	Z32		砾岩(85%)、泥岩	束鹿北洼	主河床
中弱振幅、较差连续、中频地震相	Jin14		含砾砂岩、砾岩(10%)、泥岩	束鹿全区	河流决口扇
弱振幅中连续低频地震相	Jin20		泥岩、砾岩(30%)	束鹿全区	河漫滩

图 6.12　束鹿西斜坡馆三下亚段地震相与沉积相对应关系

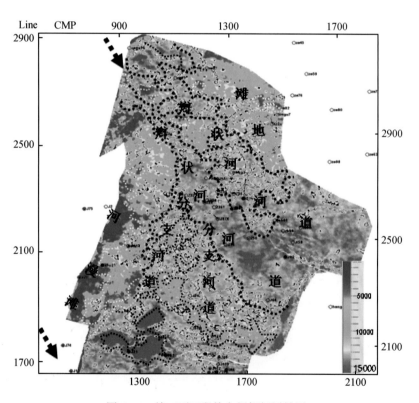

图 6.13　馆三下亚段均方根振幅属性图

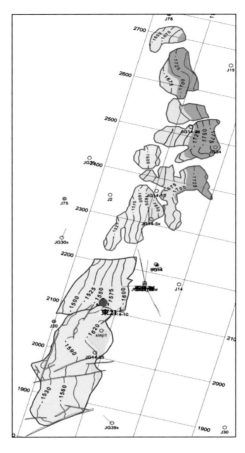

图 6.14　馆陶组岩性目标分布图

3. 潜山勘探领域

束鹿凹陷潜山勘探领域埋藏浅、潜力大，但勘探停滞多年。束鹿凹陷西斜坡古近系以下依次出露奥陶系、寒武系和蓟县系雾迷山组，潜山顶面埋藏深度为 1000~3000m；以往共钻探井 22 口，16 口井见到油气显示，但仅发现了晋古 6 井、晋 7 井油藏，晋 7 井获得工业油流，但不稳产，近 20 年勘探一直处于停滞状态，但勘探潜力仍然较大。制约勘探的主要原因是受地震资料品质影响，以往认为潜山断裂少、斜坡单一，缺少圈闭。

结合已钻井分析，明确束鹿西斜坡-宁晋凸起潜山油源条件好，油气显示活跃；潜山主要目的层奥陶系、蓟县系雾迷山组为束鹿凹陷区域性好储层，已钻井产液量高；以往钻探山头型潜山圈闭的晋古 6 井、晋 7 井获得成功，说明山头型潜山圈闭成藏条件好。

针对以往认为斜坡潜山圈闭不发育这一制约勘探的主要问题，提出了燕山期—喜马拉雅初期西倾正断层控制潜山面沟槽发育，进而控制潜山圈闭的认识。束鹿凹陷主要发育三期断层：第一期断层形成于中生代—古近纪早期，断层以西倾为主；第二期断层形成于古近纪沙三段—东营组沉积时期，断层以东倾为主或呈复式"Y"字形断层组合；第三期断层形成于新近纪（图 6.15）。燕山期—喜马拉雅初期西倾正断层形成时期束鹿西斜坡出露，处于剥蚀环境下，沿该期正断层易于形成冲蚀沟槽，因此，不仅在西倾正断层断距较大的情况下束鹿西斜坡可以形成山头型潜山，而且在断距较小的情况下，也可能依靠冲蚀沟槽形成较小的山头型潜山。在此认识的基础上重新构建了束鹿西斜坡四种类型的潜山成藏模式，即山坡断棱控制的潜山圈闭、山坡楔状体潜山圈闭、山坡断槽冲蚀沟控制的潜山圈闭、高位残丘潜山圈闭（图 6.16）。

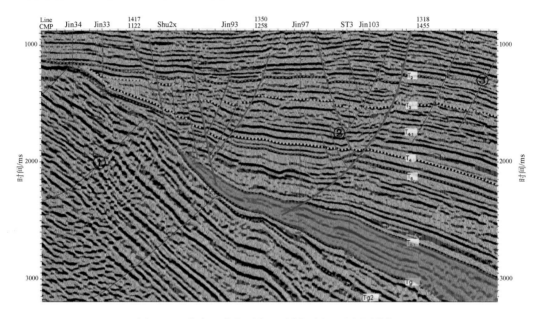

图 6.15　束鹿凹陷北西向地震剖面图（示断层分期）

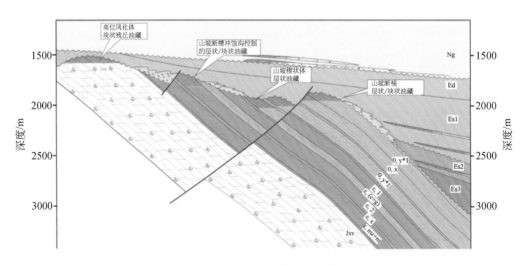

图 6.16　束鹿西斜坡潜山成藏模式

　　前已述及，通过对束鹿北城区三维潜山目的层开展目标攻关处理，地层接触关系更加清楚，潜山之上覆盖的砾岩与潜山之间超覆特征清楚，尽管 Tg 不整合面呈弱反射特征，但已然可以识别，这为精细刻画潜山提供了良好的资料基础。此外，新资料潜山内幕断层清楚，按照传统的"逢沟必断"认识逆向思考，提出束鹿西斜坡潜山"逢断可能有沟"的新思路。在潜山内幕断层识别的基础上，在潜山顶面断层附近精细刻画冲蚀沟槽，进而刻画潜山圈闭。

　　按照该思路首先在束鹿西斜坡南段发现一批新的潜山目标，首先钻探 JG21x 井在 2000m 以浅获日产 70m³ 以上的高产工业油流，打破了束鹿西斜坡潜山勘探的沉寂，为束鹿西斜坡，乃至整个冀中南部潜山勘探提供了新的思路。针对束鹿凹陷北部，利用新的三维资料，开展精细构造解释，理清了束鹿斜坡北段潜山带及潜山内幕的断裂体系，并发现、落实了有利潜山圈闭 13 个，圈闭总面积 8km²（图 6.17）。部署钻探 JG14-1 井在 2000m 以浅获日产百立方米以上的高产工业油流，JG33 井获日产近 20m³ 的工业油流，展现了束鹿凹陷北洼槽潜山领域良好的勘探前景。

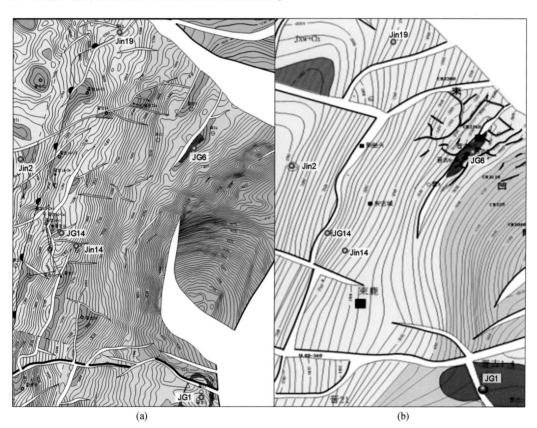

(a)　　　　　　　　　　　　　　　　　(b)

图 6.17　束鹿北凹陷北洼槽潜山顶面新老构造图

(a) 2015 年；(b) 2011 年

6.2　廊坊城市三维地震勘探

6.2.1　工区概况

　　杨税务潜山位于冀中拗陷廊固凹陷东部，河西务潜山带的北段，地理上位于廊坊城区的东南部。以往在河西务南部发现了刘其营等三个油气藏，探明储量 626 万 t，但河西务北段勘探未获实质性突破，分析制约勘探的因素主要有三个方面：一是构造需要精细落实，以往钻井误差最大曾达 500m；二是储层非均质性强、有利储层分布不清，以往钻探的 WG1、WG2 等井试油获油气流，但不稳产；三是油藏模式需要深化认识，WG2 井揭示气水界面超过圈闭溢出点，说明油气藏不仅受构造控制。

　　针对三个勘探制约因素开展构造、储层及成藏研究，取得三项重要认识。一是开展叠前深度偏移处理，深度域解释，改变了对杨税务潜山构造面貌的认识，由以往独立小潜山变成了具有多个山头统一溢出点的大型潜山，潜山面积达 42km²，提升了勘探价值；二是强化沉积储层研究，将奥陶系划分为 3 个三级层序，6 个沉积旋回，明确海退高位域潮坪微相的准同生白云岩和泥晶石灰岩为有利储集岩性，进而预测了有利储层分布；三是构建了受潜山构造和储层非均质性两个因素控制的层-块复合型油气成藏模式（图 6.18）。在此基础上，针对杨税务潜山钻探 5 口探井，首钻 Antan1x 风险井获日产气 40 万 m³ 以上、日产油 70t 以上的高产，经 2 年来试采，保持稳产。现在日产气 10 万 m³ 左右、日产油 25t 左右。随后钻探的 Antan2x 井、Antan3 井显示良好，证实杨税务潜山具有良好勘探前景。

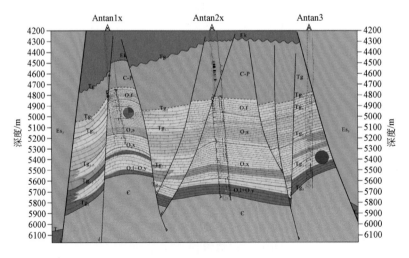

图 6.18　杨税务潜山油藏剖面图

　　为加快杨税务潜山探明建产一体化进程，进一步落实泗村店潜山形态，2017 年部署杨税务-泗村店三维地震，满覆盖 318.35km²，其中廊坊城区面积 103km²，主要在杨税务潜山分布区（图6.19）。

图6.19　杨税务–泗村店三维地震部署图

6.2.2　地震资料改善情况

　　杨税务–泗村店三维是我国勘探面积最大的城市三维地震勘探之一，其有三个方面的特点。第一，首次针对6000m以下超深层的潜山及潜山内幕多个目标大面积开展地震勘探，地层产状较陡，断裂发育，构造破碎，信噪比低，成像效果差。第二，首次在渤海湾盆地超复杂地表区实施高密度+宽方位地震采集。本项目的采集方法具有"混合激发+联合接收+超万道"挑战性。第三，项目地处天津、河北腹地，政治敏感性高，安全环保压力大。

1. 廊坊城市高密度宽方位三维地震资料采集

　　针对廊坊城市三维的特点，主要采用了四项采集技术：一是高密度宽方位地震采集技术，针对廊坊城区，地上地下条件复杂，背景干扰严重的问题，为提高资料信噪比，采用"加宽排列片、加密接收线、加大排列长度"等方式提高覆盖次数，使得廊坊城区设计覆盖次数达到800次，覆盖密度达到128万次/km^2，重点勘探目标的横纵比达到0.9以上。二是基于自动避障的物理点预设计技术，针对廊坊城区地表障碍物密集导致观测系统实施难度大的问题，研发了"地震采集工程实施模拟系统"，提高了炮点预设计的精度，使得偏移距最大程度上保持均匀分布，面元属性均匀性明显提高，有效减少了炮点的冗余量，最大限度地降低加炮率。三是基于PPV（Peak Particle Velocity）测试的激发参数设计技术。该技术为国内首次运用炸药震源或可控震源开展激发参数与安全距离关系的参数试验，可为激发参数设计、安全生产、维稳工作提供技术依据。四是"节点+有线"联合采集技术，Hawk 节点仪器的运用克服了城区施工面积大，安全环保压力大，有线仪器采集道数有限、设备重量大、施工效率低、地表通过能力低等诸多问题。廊坊城区三维采用"节点+有线"联合采集技术，城区内地表复杂区布设节点，城区外地表简单区布设有线排列，并实现了节点仪器和有线排列无时差同步采集和两者地震数据及辅助数据（SPS）无缝融合，使得廊坊城区不正常道所占比例仅为 0.86%，为我国东部复杂地表区节点仪器地震采集的典范。通过一系列城区新方法、新技术的应用，首次安全、平稳地完成了大型城区的地震采集任务，并获得高品质的地震资料，填补了廊坊城区三维资料的空白。

2. 廊坊城市三维地震资料处理

廊坊城区针对杨税务潜山采集的三维资料有以下三个方面的特点：一是城区激发能量弱、干扰源多，造成接收的有效信号弱，城区资料信噪比明显偏低；二是激发类型不同（可控震源、炸药）造成的一致性差异，使得资料不能同相叠加；三是城区特观造成的偏移距分布不均，针对城区资料开展针对性处理，改善资料品质，提高成像精度是处理的关键。

1）多域联合去噪技术

针对城区资料信噪比偏低的问题，采用多域联合去噪技术，提高了资料信噪比。城区资料干扰主要包括地滚波、异常能量干扰、随机噪声等，针对城区去噪，按照由规则到随机、由强到弱的原则，突出保真、保幅去噪方法的应用，采用不同技术逐一压制。首先我们压制具有一定规则特性的地滚波，城区地滚波与非城区的地滚波的特点是线性特征不明显、低频强能量，针对该特点，把地滚波分线性面波和强能量面波两类，分别采用 KL 变换线性噪声衰减和分频异常振幅压制技术，有针对性地对地滚波进行有效压制。然后压制异常干扰，此为城区压噪中的难点也是重点，异常能量干扰呈现全区大面积发育、全频带、强能量的特点，可控震源激发资料中这种干扰比井炮激发资料严重，在常规的炮域很难进行压制，主要采用多道统计分频压噪的方法，该方法是根据"多道统计，单道压制"的思想，在不同的频带范围内自动识别地震记录中存在的强能量干扰，确定噪声出现的空间位置，根据定义的门槛值，以空变的方式予以压制，从而提高原始资料的信噪比，将该方位应用到炮域、共检波域、共炮检域进行去噪试验对比，确定将城区接收资料和非城区接收资料交错在一起，仔细分析数据采集的方式，将数据分选到共炮检距域才恰好可满足多道统计、单道压制的要求，实际去噪效果最好。最后，随机噪声的影响，采用四维去噪对城区不满覆盖区资料的随机噪声进行针对性压制，也有效地提高了城区的资料信噪比。

2）城区一致性处理技术

采用城区一致性处理技术消除了城市与周边地区激发类型不同造成的一致性差异。主要包括三个方面的处理，一是城区不同激发方式的匹配性处理（相位一致性）；二是城区资料的频率一致性处理；三维城区资料能量一致性的处理。在本区最核心的是解决好城区不同激发方式的相位一致性。具体处理中，先对可控震源进行最小相位化处理，再通过可控震源和炸药震源的匹配性处理（子波整形），能够很好地消除两者的相位差异，实现不同激发方式的同相叠加，从而提高成像品质。

针对城区特观引起的炮检距不均匀问题，创新应用五维数据规则化方法。该方法不仅能够有效消除城区变观引起的炮检距不均；还具有保留了方位角信息，相比三维规则化保真度更高的优点。

3）各向异性深度偏移处理技术

为确保杨税务潜山准确成像，采用了 TTI 各向异性深度偏移处理技术。针对杨税务工区井资料多、埋深变化大、波场复杂的特点，针对性地开展了各向异性深度偏移攻关。在速度模型建立中采用多域、多信息、多尺度方法相结合，突出"井震结合、处理解释一体化结合"，开展"沿层层析+网格层析联合"，构建了潜山及内幕高精度速度模型。充分利用工区多口井资料求取了各向异性 δ、ε、θ 和 Φ，建立了高精度的各向异性速度模型。进而保障了地震资料成像精度。

新资料和老资料相比（图 6.20），剖面层次感清楚，潜山顶面及参考层 Tg_4 清晰稳定，内幕信息有变化，潜山东边界河西务断层及西边界杨税务西断层清楚，城区资料品质明显改善，钻井实钻深度与地震资料吻合度高。特别是 2018 年新钻的 Antan501x 井，实钻深度与地震资料完全吻合，证明深度域地震资料可靠性高。

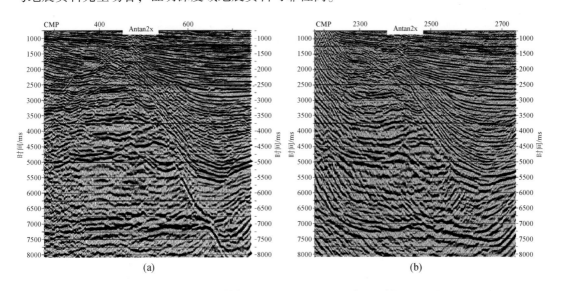

图 6.20　杨税务–泗村店新（a）、老（b）三维地震剖面对比图

6.2.3　精细解释成果

利用新三维地震资料开展多轮次的构造解释、储层预测研究和综合评价，在杨税务潜山带利用老资料部署的 Antan501x、Antan101x 井的靶点进行了调整，并部署了 Antan2x 测钻井。

1. 精确落实潜山形态

通过潜山构造解释，进一步改变了对杨税务潜山顶面构造形态的认识。结合新钻井资料和杨税务潜山新三维叠前深度偏移资料，对潜山及内幕的构造解释更加精细，新构造图与老构造图相比主要有三个方面的变化：一是由三个潜山头改为两个潜山，潜山东部 WG1 井-Antan3 井潜山头与以往基本一致，潜山西部由以往的西抬东倾变为东抬西倾，老构造图上潜山中部和西部潜山头在新构造图上变成了统一的背斜构造，顶部整体较平。二是断裂体系发生变化，以往认为主要发育北东和北西向两组断层，新构造图上，大断层仍为北东和北西向，但小断层改变为近东西向和近南北向。三是潜山的局部高点发生了变化，Antan1x、Antan2x、Antan3x、Antan4x、Antan5x 等各井区局部高点均有所变化（图6.21）。

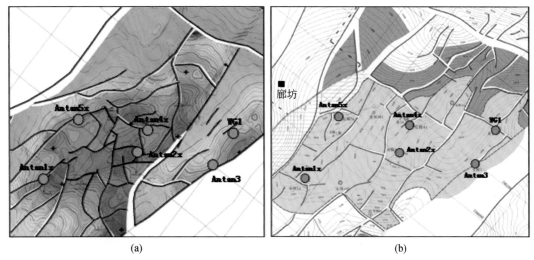

(a)   (b)

图6.21　杨税务潜山奥陶系顶面新老构造图对比

（a）2018 年；（b）2015 年

2. 潜山地层裂缝发育程度预测

该区的主要目的层是奥陶系碳酸盐岩地层，裂缝发育程度与油气产量直接相关。OVT 域偏移处理得到的螺旋道集为潜山地层裂缝发育程度预测提供了更为丰富的资料基础。根据裂缝发育时螺旋道集存在与之相关的振幅和时间差异求取各向异性强度，从而预测裂缝发育区。通过分析，预测结果与已知井吻合情况较好。预测杨税务西部的 Antan1x 井- Antan5x 井一带、中部的 Antan4x 井东部- Antan2x 井区一带为油气成藏的有利区（图6.22）。

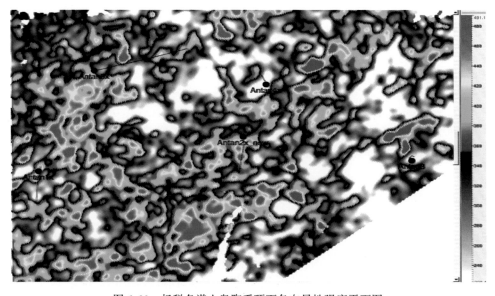

图6.22　杨税务潜山奥陶系顶面各向异性强度平面图

3. 城市井轨迹设计技术

钻井是油气勘探中的重要环节，城市地下是否含有油气，最终需要钻井证实。钻井作业需要一定的空间，即井场。井场面积是指安装钻机主要设备（提升系统、旋转系统、循环系统、动力系统）、辅助设施（泥浆池、沉砂池、燃烧池、放喷池）、生产生活设施（值班房、锅炉房、通信、电力、照明、交通）等所占的面积。目前，常用钻机的井场面积一般大于 6400 m^2。杨税务潜山钻探不仅需要考虑钻井时的占地面积，还需考虑后期压裂等改造措施所需要的施工范围，井场面积需求更大。杨税务潜山位于京津冀城市人口密集区和环境敏感区，符合条件的井场难以保证，环保、安全等要求更高，井点设计的难度进一步加大。

合理部署、分步实施是城市油气钻探能够顺利进行的重要保障。在地质综合研究的基础上，杨税务潜山落实了一批井位目标。以"先成功、后甩开"为原则，第一批井位设计考虑预探新的潜山高点，以初步掌握潜山整体规模。第二批井位控制杨税务潜山含油气范围及资源规模。

提前谋划，勘探开发一体化，是保障杨税务潜山钻探顺利的关键。在井位踏勘之初就考虑可能的井场位置。例如，Antan5x 井位于廊坊城区及高铁下，经踏勘和工农协调，在其东南方向 1.9km 处地面条件可供实施 Antan5x 井。部署预探井的同时考虑开发井设计，确定丛式井钻探方案。利用 Antan5x 井井场部署了 Antan501x 井，减少了地面占用面积，土地征用难度、环境安全风险大为降低，有效缩短了勘探、开发周期。

通过整体部署、分批实施的钻井方式，先成功、后甩开，杨税务潜山实现了有计划、高效率勘探开发，地质成果快速、有效地转换为现实生产力。

6.2.4　勘探成效

城市勘探技术发展为该区油气奠定了资料基础，城市斜井轨迹设计技术使油气发现成为现实。利用三维地震资料实现了井位部署与优化和规模储量上交，为杨税务潜山勘探带来了突破性进展。

根据地质综合解释成果（图 6.21），确定了 Antan4x、Antan5x、Antan6x、Antan7x 探井井位。已完钻的 Antan4x 井发现厚气层，通过下马家沟组压裂试油，日产气 16 万 m^3，日产油超百立方米，Antan5x 井电测解释发现厚油层，初步证实杨税务潜山为常压超高温非均质块状凝析气藏，具有整体含气的油气藏特征，为杨税务潜山规模发现奠定了基础。

为扩大杨税务潜山勘探成果，配合储量上交工作，在杨税务潜山部署了一批生产井。利用 OVT 域偏移处理得到的 OVG 道集进行各向异性强度预测，根据预测结果对待上钻生产井轨迹进行了优化调整，最大限度地规避了钻探风险。应用奥陶系峰峰组、上马家沟组、下马家沟组、亮甲山组四套储层不同层序各层间各向异性最大强度属性平面图和剖面（图 6.23），对正在钻探的 Antan101x、Antan501x 的靶点和轨迹进行适当调整，使井斜轨迹穿过四套储层裂缝发育区，从而提高天然气产量。在 Antan101x 井区的各向异性强度平面图和剖面上，自靶点位置沿设计轨迹，都位于预测的有利区域，从而确定了 Antan101x、Antan501x、Antan2x 侧钻方案。

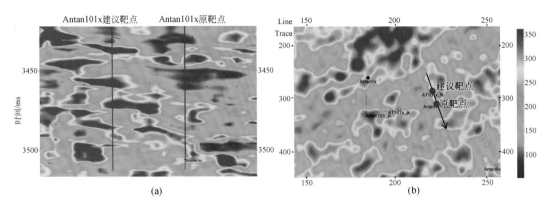

图 6.23　过 Antan101x 井各向异性强度剖面（a）与平面图（b）

　　廊坊城市三维地震勘探成果直接推动了杨税务潜山构造带储量升级与上交。2017 年上交天然气预测储量 180 亿 m³ 以上，凝析油近 500 万 t。2018 年，廊坊城区杨税务潜山构造带上交探明天然气地质储量超过 60 亿 m³，展现了良好的资源前景。杨税务潜山天然气勘探突破对于城区深层天然气勘探研究具有重要的指导意义，有效缓解了目前中国北方用气紧张的局面，为京津冀地区污染防控提供了坚实的清洁能源保障。

6.3　饶阳凹陷多城市三维连片地震勘探

　　2005 年之前，三维地震勘探多以在正向构造上"贴邮票"式的采集为主，区块分散、面积小。部分城矿区未进行三维地震采集，且各区块间地震资料品质参差不齐，差别巨大，不能满足整体勘探的需求。自 2005 年开始，各凹陷相继开展二次三维地震资料采集工作，解决了城矿区三维地震资料缺失问题。经连片处理后，获得了覆盖整个凹陷的三维地震资料。三维连片地震资料完整性好，精度高。特别是面积较大、涉及城区范围较广的凹陷，在城区三维地震资料采集的基础上进行三维连片处理、解释，取得了良好的勘探成效，饶阳凹陷三维连片勘探就是其中的典型实例。

6.3.1　工区概况

　　饶阳凹陷是渤海湾盆地冀中拗陷的次级构造单元，位于冀中拗陷东部凹陷带的中部，北接霸县凹陷，南临新河凸起，东与献县凸起相邻，西到高阳低凸起，是冀中拗陷中最大的凹陷，也是冀中拗陷油气最富集、勘探成效最高的凹陷。饶阳凹陷面积约 6300km²，勘探面积约 5280km²。

　　饶阳凹陷具有剩余资源量大、勘探层系多、勘探领域广的特点，具备规模储量发现的地质条件。截止到 2014 年底，饶阳凹陷探明石油储量近 7 亿 t、年度油气产量约 200 万 t，分别占冀中探区的 66% 和 60%，是冀中探区油气最为富集的凹陷。

　　截至 2017 年底，饶阳凹陷共完钻各类探井千余口，工业油流井 536 余口。共发现

Chg、Jxw、Qn、$\in_1 f$、O、Es$_4$-Ek、Es$_3$、Es$_2$、Es$_1$、Ed、Ng、Nm 十二套含油层系；先后发现了任丘、南马庄、薛庄、八里庄、八里庄西、刘李庄、高阳、雁翎、西柳、肃宁、河间、大王庄和留北共十三个油田。由于该区地震资料由不同年度采集的多块数据组成，缺乏统一的数据平台，不利于开展区域地质深化研究，制约了勘探目标的进一步落实。

6.3.2　地震资料改善情况

饶阳凹陷钻探工作始于 1963 年的冀参 1 井。1975 年发现任 4 高产工业油流井，拉开了饶阳凹陷的勘探序幕。2005 年前完成了二维地震勘探详查，在易于采集施工的非城镇区主要正向构造单元分年度、小区块采集三维地震 23 块，满覆盖面积合计 2968km^2。这些三维区块多为分散采集、处理和解释，不仅分散、面积小，而且不利于对该凹陷进行整体、宏观研究（图 6.24）。

图 6.24　饶阳凹陷 2005 年以前三维地震资料分布图

该时期利用分区块三维数据进行目标研究，以单块三维工区为依托的构造成图和沉积体系研究缺乏区域整体概念，也难以满足潜山及内幕精细解释、储层预测及岩性圈闭整体研究的需要。期间共完钻探井800余口，成功率为40.8%，探明石油地质储量6亿t。但是随着勘探的不断深化，构造油藏勘探程度高，发现难度越来越大；潜山勘探持续低迷，由高峰期进入了长达20年的持续低迷期，1986~2004年仅探明约150万t潜山油藏储量。

为了整体认识饶阳凹陷连片区油气聚集规律，深化饶阳凹陷地质认识和整体评价，华北油田公司决定在饶阳凹陷实施城区三维地震资料采集的同时开展了凹陷内三维连片叠前时间偏移处理、解释工作，以期通过提高地震资料品质，深化全区整体地质综合研究，实现整体规模储量发现的目的。

1. 多城市三维地震资料采集

饶阳凹陷三维地震资料区共涉及任丘市、高阳县、蠡县、肃宁县（16km²）、河间市和博野县共6个规模较大的城区（图6.24），总面积为126km²。城镇区高楼林立，人口密集，受以往地震采集技术的制约，城镇区资料缺失严重［图6.25（a）］。自2005年起，先后针对各城区进行了三维地震资料采集工作。针对大型城市区大型障碍物多、大量发育"地下水降落漏斗"和环境噪声干扰严重等采集难题，创新了大型障碍区多域互补的特观设计和面元间能量均衡的特观方案优化，形成了大型城矿区三维地震勘探技术，解决了城区勘探的难题，填补了城区三维地震勘探的空白。

任丘城区三维是冀中探区最早实施的城市三维地震采集区块。其城区特观设计方案具有代表性，是城市三维地震采集技术的初始之作。任丘城区面积达到40km²，任丘潜山北段倾末端正位于城区下方。任丘潜山西抬东倾单断式潜山。从整体构造分析，纵向地层倾角较大，应该提高纵向覆盖次数，增加纵向接收信息；从断层走向分析，发育有不同走向的断层，因此，在纵横向都应该增加接收信息。根据不同构造位置的模型单炮正演记录分析，城区东西两边的外围接收排列可适当延长至500m，最大排列长度达到4500m。

根据不同非纵距试验资料分析，在2740m非纵距单炮记录上仍然可以见到深层明显的反射信息，证明2740m的非纵距排列仍然能够接收到深层有效信息。因此在城区观测系统设计时，适当增大非纵距，增加了横向的深层接收能力。

根据优化的最大非纵距和最大炮检距，结合实际采集设备投入、城区干扰严重、警戒困难等城区勘探特点，设计了块状+束状三维观测系统，在室内采用极限特观参数进行模拟采集，采用限定管涔系统纵横向的炮检距分析观测系统属性，如果能够达到浅层资料齐全、中远炮检距分布均匀、有效覆盖次数高、综合评估能够达到采集目的，则采用此观测系统参数作为城市勘探的特观参数。任丘城区三维地震采集工作顺利实施，为冀中拗陷城市三维地震勘探工作奠定了基础。

2. 全凹陷地震资料三维连片处理

在针对城区的三维地震采集工作全部完成后，进行了全凹陷地震资料三维连片处理。针对新老资料并存、野外静校正基础数据不全、建立全凹陷统一近地表模型难度大的问题，采取了全凹陷近地表结构模型建立技术，统一基准面、替换速度、表层结构和计算方法，建立了全区近地表模型。

　　针对饶阳凹陷三维区范围大，采集观测系统各异，仪器类型多，各三维区资料振幅、频率、相位等存在差异，子波一致性处理困难的问题，采用叠前保幅保真综合去噪技术，针对城区低信噪比资料开展去噪攻关，资料信噪比明显改善。采用定量化子波一致性处理技术，选取主要区块，拼接其他区块，做好区块间子波振幅级别、相位、频率一致性处理，保证了成像质量。在子波一致性处理过程中采用定量化互谱法监控，确保了拼接效果。采用叠前数据规则化技术，进行叠前数据规则化处理，消除施工因素引起的远近偏移距分布不均和连片后覆盖次数不均，以及由于方位角旋转而出现的空面元现象，为偏移成像提供了高质量的数据。

　　针对饶阳凹陷勘探面积大、地质结构变化快、速度横向变化剧烈、偏移成像精度低的问题，采用多域多信息约束高精度速度建模技术，通过处理解释融合，共同构建基于地质层位的全凹陷地震层位；加强处理、解释结合，一体化相互配合，优化深度-层速度模型，通过速度扫描确定复杂构造区地层合理速度；最终建立了井震吻合、符合地质规律的高精度速度模型，为偏移成像奠定了基础。

　　三维连片处理工作完成后，得到了覆盖全凹陷的三维地震资料，消除了各区块间地震资料振幅、频率、相位的差异［图6.25（b）］，连片地震资料波组特征清楚、断层归位准确、断裂结构清楚［图6.25（c）］，为饶阳凹陷整体研究、整体认识、整体突破奠定了资料基础。

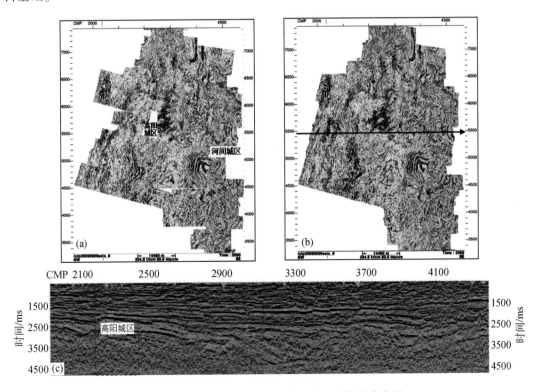

图 6.25　饶阳凹陷 2005 年以前三维地震资料分布图

（a）2007 年饶阳连片中北部地震 2000ms 时间切片；（b）2009 年饶阳连片中北部地震 2000ms
时间切片；（c）饶阳连片 2009 年 IN5490

6.3.3　精细解释成果

在三维连片地震资料的基础上，通过构造、沉积、储层和油藏模式重建，对饶阳凹陷的整体认识更加深入，实现了饶阳凹陷勘探大发现。

1. 构造重建

完成了全凹陷三维地震覆盖区全层系整体构造立体解释与成图。受以往单块三维地震资料限制，地质研究往往分区块进行，由于工区隶属于不同的采油厂，地质层位划分有局限性，全区的主要层位不统一。三维连片地震资料完成后，立足于凹陷整体，依托全凹陷三维地震叠前时间大连片数据平台，应用"地质统层四步法"在区域地震地质统层的基础上建立了全凹陷等时地层格架，首先选取完钻层位较深、钻遇层位齐全、在各主要构造带均匀分布的 104 口井为代表制作合成地震记录；选取涵盖饶阳凹陷 12 个二级带的 9 条区域骨干剖面进行统层对比；以标准井确定的层位为基础外推，做到解释的骨架剖面与相交的剖面能够闭合；最终完成了全区解释闭合，首次统一了饶阳凹陷全区的地震地质分层。

利用全凹陷连片资料开展凹陷区域框架解释。首先通过三维可视化技术在空间浏览地震数据，明确区域构造特征。在地震剖面上解释标志层，在骨架网格控制下建立全区骨干剖面，采用逐步增加目的层的方式，最终实现主力目的层全凹陷解释。进行构造导向滤波，进一步提高了地震资料信噪比。在此基础上提取相干属性，并经图像处理后与地震数据融合，使断点识别更为客观。通过层析速度建场，建立全凹陷速度模型，进行全区主要层位变速成图，实现了全凹陷高精度工业化构造成图（图 6.26）。

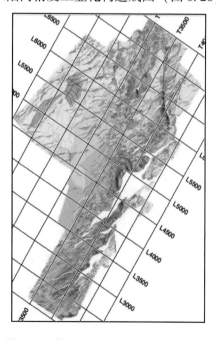

图 6.26　饶阳凹陷 T_4 地震反射层构造图

　　通过系统解释，进一步明确了饶阳凹陷整体的断裂体系及构造特征。首次识别出五尺、出岸和鄚州三条主要潜山控制断层，明确了其对潜山地层的控制作用。利用低通滤波处理、断层立体组合等解释技术，落实了控山断裂及内幕断层，构造面貌为之改观。例如，位于任丘城区的长洋淀潜山带由原来已钻探圈闭高点变为了无井钻探潜山内幕高点，潜山构造形态与结构更加精准。发现、落实了任丘城区及周边、肃宁城区及周边等一批潜山勘探新区带。利用相干、蚂蚁追踪等技术进行复杂断裂带构造精细解释，各层系断裂体系的规律性更强。复杂断块区断层及其组合关系发生了变化，局部构造更加清晰、准确，落实了河间城区及周边、武强城区及周边等一批复杂断块群，为下一步深化研究奠定了基础。

2. 沉积重建

　　地震资料全凹陷三维连片使研究全凹陷层序地层与沉积体系展布成为可能。通过优选147 口井对饶阳凹陷古近系进行单井高精度层序地层学和单井沉积相详细研究后，明确各井Ⅲ级层序划分方案和对应的沉积学充填与演化序列。在此基础上建立了 9 条连井Ⅲ级层序格架剖面及连井相剖面，其中东西方向 4 条，南北方向 5 条。根据不同构造控制下的层序地层构成模式建立沉积充填作用与物源通道、构造格架之间的关系。借助地震资料以及轻、重矿物资料，确定不同沉积期物源体系特征；研究盆地古地貌及沉积充填特点，判断主物源通道和泥沙分散体系的时空展布与配置模式；分析盆地不同构造对沉积体系及沙体的控制作用。

　　开展饶阳凹陷各层序及体系域沉积体系分析，结合单井相、连井相和地震相研究成果，改变了以往以组段为单元的粗放式沉积研究方法，细化沉积单元进行沉积相研究，既明确了湖盆（包括深层烃源岩）主要发育区，也指出了不同层序的有利砂体分布。在此基础上系统编制出全凹陷各层序的沉积相平面图，实现了全凹陷各层序以体系域为单元的精细化工业制图。蠡县、高阳等城区新采集三维地震资料使蠡县斜坡整体沉积研究成为可能。在此基础上进行沉积相精细研究，将蠡县斜坡主要含油层沙一下段细化为两个油组，新发现、落实了多个滩坝岩性体（图 6.27），为大面积岩性油藏发现奠定了基础。

3. 储层重建

　　储层重建即研究优质储层主控因素及其分布。富油凹陷的洼槽区具备自生自储条件，是岩性勘探的有利区带。但洼槽区地层埋深一般较大，以往认为埋深大于 4000m 时碎屑岩储层物性差，是勘探禁区。

　　深化研究发现：深层厚储层中部在异常高压、早期油气充注和次生溶蚀等作用下，仍可形成优质储层。当地层埋深达到 3300m 时，存在异常压力带（欠压实作用带），且随着埋深增加，孔隙度有增大的趋势，表明超压发育有利于孔隙度保存。饶阳凹陷在 3500m 等深线以下全区大面积分布中超压，马西、肃宁、留楚等局部洼槽带可达强超压。洼槽区溶蚀作用强，次生溶蚀孔隙相对含量在马西地区约为 36.4%，肃宁-大王庄地区约为 48.8%，留楚-杨武寨地区约为 41.1%，证明深层储层具有原生孔隙与次生孔隙共存的特点，有发育好储层的条件。

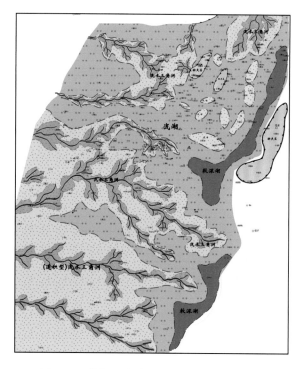

图 6.27　饶阳凹陷沙一下段低位域沉积相图

砂岩物性统计结果表明，洼槽区储层物性受沉积相带控制作用明显，前缘水下分流河道微相物性相对较好。饶阳凹陷深层碎屑岩有效储层孔隙度下限为 7%、渗透率下限为 $0.3 \times 10^{-3} \, \mu m^2$，有效储层埋深下限可达 4300~4700m，拓展了饶阳凹陷的勘探空间。

4. 成藏模式重建

随着勘探程度不断深入，构造油藏发现难度越来越大。潜山及内幕和地层岩性勘探领域成为研究重点。在成藏条件综合研究的基础上，构建了长洋淀潜山带"古储古堵"型成藏模式、宁古 2 井潜山带"红盖侧运"成藏模式等潜山及内幕成藏新模式。在地层岩性勘探领域构建了蠡县斜坡带滩坝透镜状砂体成藏模式、肃宁洼槽区"断层与砂体联合疏导、断砂合理配置成藏"的岩性成藏模式等，指导了勘探目标落实，助推了饶阳凹陷勘探进程，为储量规模发现奠定了基础。

6.3.4　勘探成效

利用饶阳凹陷三维地震连片资料进行精细解释后，饶阳凹陷在潜山及内幕、构造和地层岩性油藏勘探领域均取得了显著成效，累计新增三级储量超过 2 亿 t，其中城市及周边三维地震资料覆盖区是新发现储量的主要区带。

1. 潜山及内幕勘探领域

潜山及内幕领域勘探周期短、单井产量高，是饶阳凹陷的主要勘探领域。统计结果表明：潜山井开发投产后产量是砂岩油藏平均单井产量的 8～60 倍，为高效储量。通过三维连片数据综合研究，在长洋淀、肃宁和孙虎潜山带落实控制储量近 3000 万 t。

　　任丘城市及周边地区发现长洋淀潜山带。利用新采集三维地震资料进行精细解释表明：长洋淀潜山发育多条北西向潜山内幕断层，呈相向而掉或阶梯排列，从南向北形成了 R97 井、R97-1 井和 C3 井等潜山内幕之间的古断槽，形成"古储古堵"型潜山（图 6.28）。潜山内幕断槽中的寒武系馒头组、青白口系景儿峪组和长龙山组对潜山内幕雾迷山组形成了有效封堵。R97 井和 R97-1 井之间发育一个小型断槽，断槽内充填的青白口系长龙山组致密石英砂岩对两侧的雾迷山组形成了有效封堵，使得两井的油水界面不统一。R96 井北断层下降盘保留的寒武系馒头组、青白口系景儿峪组和长龙山组对断层上升盘的雾迷山组形成有效封堵，使上升盘断鼻构造的雾迷山组形成油气富集。长洋淀潜山的油源条件与冀中地区其他潜山相同[1]，油源来自古近系，以断层和不整合面为主要供油通道。在 R96 井北断鼻圈闭钻探的 C3 井获日产超过 500m³ 的高产工业油流，创中国石油 2006 年单井最高产量，成为华北油田分公司继 1985 年以来古潜山勘探领域日产量最高的探井。

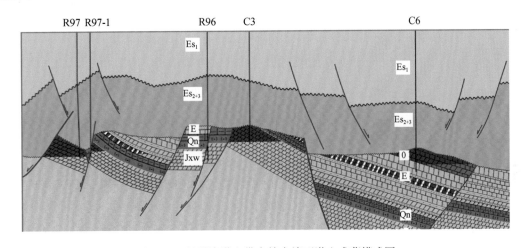

图 6.28　长洋淀潜山带古储古堵型潜山成藏模式图

　　肃宁城市及周边地区发现 NG2 井潜山带。该潜山带处于早期多块三维地震接合部，三维地震资料覆盖面积小，深层地震资料品质差，不利于潜山形态的完整落实，1988～2005 年未钻潜山探井。2006 年实施肃宁城区三维地震采集并进行连片处理后，资料品质得到了较大改善，潜山面清晰可靠，在此基础上进行了构造重新认识。通过新一轮的精细地震资料解释，构造面貌发生了很大变化，NG1 和 NG2 潜山由原来的深小潜山 ［图 6.29（a）］变成了规模较大的潜山 ［图 6.29（b）］。以往认为 NG2 井已钻达潜山高点，不能成藏的原因是潜山不整合面之上覆盖沙四段红色泥岩，缺乏供油条件。利用新采集的三维地震资料经构造重新落实后认为：NG2 井并未钻到潜山高点，以 NG2 井为边界，有利圈闭面积为 8.0km²，仍具有较大的勘探价值。对潜山成藏条件重新认识发现：在侧翼低部位沙三下段烃源岩直接与潜山超覆接触，具有供油条件，建立了"红盖侧运"的潜山成藏模式。部署钻探的 NG8x 井在雾迷山组裸眼井段中途测试，日产油超过 250m³，落实控制石油储量千万吨，控制天然气储量超过 3 亿 m³。

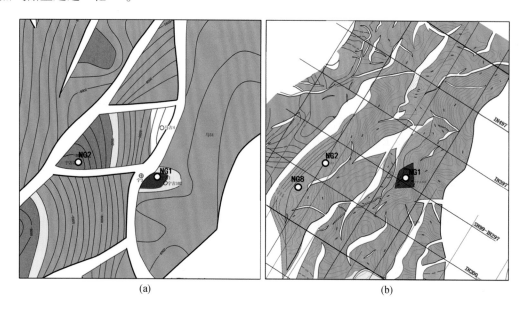

(a)　　　　　　　　　　　　　　(b)

图 6.29　饶阳凹陷 NG2 井区潜山顶面老、新构造图

(a) 2004 年成图；(b) 2009 年成图

2. 地层岩性勘探领域

2009 年之前，饶阳凹陷具有一定规模的构造圈闭基本勘探殆尽，新发现构造圈闭的难度越来越大。随着勘探开发程度不断提高，老油区发现新的规模储量难度越来越大。2009年在三维连片地震资料的基础上，通过整体研究，勘探区带由正向复杂构造带转向斜坡带和洼槽区，勘探领域由单纯的构造油气藏转向地层岩性油气藏，发现落实了蠡县斜坡、马西-肃宁两个亿吨级和赵皇庄东 5000 万 t 级储量区，城市三维资料区是新增储量的主力区带。

河间城区及周边发现河道砂构造-岩性油藏。该区 2005 年前以正向构造勘探为主，随着勘探的不断深入，构造圈闭发现难度越来越大，井位落实和储量发现难度也日益加大。以新采集的三维地震资料为基础，对该区沉积体系进行了深化研究，认为主力目的层段 $Ed-Es_1$ 主物源来自西南方向，主要发育曲流河边滩砂体。单砂体厚度薄、规模小、横向变化快，单层厚度为 2～8m，累计厚度为 25～68m，与北东走向的断裂体系配置，有利于形成构造-岩性圈闭。该区断裂发育且下切深层优质烃源岩，有利于油气垂向输导与河道砂配置，具有洼槽区源外型"断层与砂体联合疏导、断砂合理配置成藏"的成藏模式。优选厚砂体叠置区进行钻探，10 口井获工业油流，其中 4 口井获高产，其中 N89x 井获日产超百万吨高产油流。2015 年上交控制+预测储量近亿吨，形成了规模储量新区带。

蠡县斜坡落实地层岩性油藏，形成了亿吨级储量。蠡县斜坡为古近系继承性发育的平台型沉积斜坡，断裂不发育。2005 年之后，已很难发现具有一定规模的构造圈闭。缺乏高阳、蠡县、博野等城区资料，使蠡县斜坡难以进行整体研究，勘探处于停滞状态。在完成高阳、蠡县等城市三维地震采集的基础上，2009 年完成了饶阳凹陷三维连片地震资料处理。以三维连片地震资料为依托，对蠡县斜坡进行了全方位整体研究。认为蠡县斜坡具备形成规模储量的资源基础。蠡县斜坡发育沙一下段好-最好的烃源层，油源条件优越。2012 年利用 trinity 成藏模拟计算结果，蠡县斜坡总资源量近 3 亿 t，剩余资源量超过 1.5 亿 t。北部为受断层改造的较宽缓型构造-沉积斜坡带，南部为单斜背景下的宽缓型沉积斜坡带。从北到南发育同口-博士庄、高阳-西柳、大百尺-赵皇庄和蠡县四个低幅度宽缓鼻状构造带。鼻状构造带总体呈北西走向，存在基底隆起。新生代发育来自西南、西部、北部三个方向的物源。沙二下段为河流相沉积，河流分布受早期北西向古梁子控制，斜坡高部位为辫状河沉积，为边滩和心滩砂发育区。斜坡中低部位为曲流河沉积，发育边滩砂。沙一下沉积时期，斜坡中高部位为退积型浅水三角洲前缘亚相沉积，受早期北西向古梁子控制，是水下分流河道砂发育区。至任西洼槽区变为湖相沉积，发育滩坝砂。

蠡县斜坡 2009 年以前在构造油藏领域仅上交探明石油地质储量 2000 万 t，在综合研究的基础上构思了滩坝透镜状砂体等岩性成藏模式，落实一批地层岩性圈闭，增储上产效果显著。2009 年在整体研究的基础上按照岩性油藏思路对勘探目标进行钻探，形成亿吨级规模储量。2016 年加快储量升级，新增探明储量近 1500 万 t。位于高阳、蠡县城区的 G63、G64、G65x、G66、G62x 和 G13x 相继获工业油流，突破了蠡县斜坡外带出油关。综合研究成果推动产能建设得以迅速发展。截至 2017 年，油气年产量较 2008 年增加了 20 万 t，成为华北油田主力产油区之一。

参 考 文 献

[1] 赵文智，李伟. 1998. 吐哈盆地鲁克沁稠油藏成藏过程初探与勘探意义 [J]. 石油勘探与开发，25（2）：1~3.